スクラッチ3.0 でゲームを作ろう！

小学1年生からのプログラミング教室

JavaScript、Chrome、Safariに対応

岡田 哲郎

「アレンジのヒント＝もっと知りたい」や
「10時間目　「横スクロールゲーム」を作ろう！」は
以下のページからダウンロードできます。
https://www.socym.co.jp/book/1205

本書に掲載したゲームのサイト
https://kidsprogram.co.jp/un-portfolio/scratch3/

本書に掲載したゲームを動画で説明したサイト
https://kidsprogram.co.jp/un-portfolio/scratch3-mov/

●本書の一部または全部について、個人で使用するほかは、著作権上、著者および ソシム株式会社の承諾を得ずに無断で複写／複製することは禁じられております。

●本書の内容に関して、ご質問やご意見などがございましたら、メールやFAXにてご連絡ください。電話によるお問い合わせや本書の内容を超えたご質問には応じられませんのでご了承ください。

●本書中に記載されている情報は、2019年3月時点のものであり、ご利用時には変更されている場合もあります。本書に記載されている内容の運用によって、いかなる損害が生じても、ソシム株式会社、および著者は責任を負いかねますので、あらかじめご了承ください。

Apple、Apple のロゴ、Mac OS は、米国および他の国々で登録された Apple Inc. の商標です。

「Google」「Google ロゴ」、「Google マップ」、「Google Play」「Google Play ロゴ」「Android」「Android ロゴ」は、Google Inc. の商標または登録商標です。

「Windows®」「Microsoft®Windows®」「Windows Vista®」「Windows Live®Windows Live」は、Microsoft Corporation の商標または登録商標です。

「Microsoft® Internet Explorer®」は、米国 Microsoft Corporation の米国およびその他の国における商標または登録商標です。

※その他会社名、各製品名は、一般に各社の商標または登録商標です。

本書に記載されているこのほかの社名、商品名、製品名、ブランド名などは、各社の商標、または登録商標です。本文中に TM、©、® は明記しておりません。

はじめに

　2020年より小学校のプログラミング教育が必修化されることが決まり、「子供向け習い事ランキング」でもプログラミング教育が上位にランクインされています。これは、多くの親が子どもたちに将来必要となる力を身に付けてほしいと考えているからでしょう。私も同じように考える一人の親です。そしてこれから来るAI時代において、プログラミング教育はもっともっと重要視されても良いと考えています。

　しかし、注意しなければならないのは、子どもたちの将来をおもんばかるあまり、厳しく指導しすぎると逆効果になることです。幸せな将来のために、子どもたちがつらい体験をするのであれば本末転倒でしょう。そのため本書では、楽しみながら学べるように、スクラッチでゲームを作り、作ったゲームで実際に遊べるようにしました。本書に登場する子どもたちは、プログラミング教室で先生と対話しながら9種類のゲームを完成させます。手を動かしながら、ゲームを作り上げる過程でプログラミングの考え方を学ぶのです。

　本書に掲載したゲームは簡単にアレンジできるように、「スクリプト＝プログラム」はできるかぎりシンプルにしています。「アレンジのヒント＝もっと知りたい」やさらにハイレベルな「10時間目　「横スクロールゲーム」を作ろう！」のPDFファイルもホームページ（https://www.socym.co.jp/book/1205）上に用意してあります。ダウンロード可能なので、ぜひご利用ください。

　なお2時間目以降は、小学生低学年にとってはややレベルが高いと感じるかもしれません。もし学校の副教材などとして利用される場合には、こまめに子どもたちのスクリプトを確認しながら指導してあげてください。正しく動かなくても諦めず、自らどこに問題があるのかを発見し、修正できれば、子どもたちの成功体験につながるはずです。

　また子どもたちがスクリプトの意味をすぐに理解できなくても心配する必要はありません。これは私自身、日々のプログラミング教室を通じて実感していることですが、子どもの脳は発達段階にあり、時が経てば必ず理解できるようになります。ある日の授業では理解できなくても、別の授業で理解できなかったゲームのスクリプトを引用したり、解説したりすることで、徐々に理解していくのです。

　本書を通じて子どもたちが将来必要となる力を獲得し、明るい未来につながれば望外の喜びです。

岡田　哲郎

登場人物紹介

上井 蓮
（うえい・れん）
ゲーム好きで、生意気盛りの小学校4年生。大学生のお兄さんの影響で、プログラミングにも興味がある。プログラミングの楽しさを知って仲間に広めている。

馬場 結月
（ばば・ゆづき）
上井くんの小学校の同級生。美術教師である母親に似て、おしゃれ好きで夢想家。上井くんに誘われて教室に参加するようになり、意外と向いてることを発見。

紺 湊
（こん・みなと）
秀才タイプで、宿題の調べものなどのため、家ではパソコンを使っている。最近は、ネットサーフィンに飽き足らず、プログラムを書きたいと思い、教室に参加。

久楽 健人
（くらく・けんと）
大学卒業後、IT企業に就職したものの、教育に対する夢が捨てられずに会社を退職。寺子屋方式のプログラミング教室を開設。低価格な料金設定で親身な指導が評判。

片理 大翔
（へんり・ひろと）
上井くんの同級生でゲーム友だち。スポーツはあまり得意ではないが、格闘ゲームでは凄腕。小学生のゲーム大会にも参加しており、将来の夢はプロゲーマー。

クリプト
大翔くんが飼っている白い北海道犬。利発そうな顔立ちで、子供だけでなく、親にも人気。今年2歳と、まだ遊びたいざかりで、時々いたずらする。

本書で学ぶこと

1時間目 「恐竜キャッチゲーム」を作ろう！ スクラッチのきほんとキャラの動かし方を学びます。

2時間目 「バスケットボールマンゲーム」を作ろう！ 座標の考え方とコスチュームの変更方法を理解します。

3時間目 「サッカーゲーム」を作ろう！ 角度の考え方と音の鳴らし方がわかるよ。

4時間目 「パズルゲーム」を作ろう！ ペイントエディターの使い方を理解するのよ。

5時間目 「音ゲーム」を作ろう！ キャラクターを音で動かす方法を学びます。

6時間目 「モグラたたきゲーム」を作ろう！ カスタムブロックの使い方を理解するよ。

7時間目 「間違い探しゲーム」を作ろう！ クローンの使い方を学びます。

8時間目 「シューティングゲーム」を作ろう！ スプライトの描き方がわかるんだ。

9時間目 「UFOキャッチャーゲーム」を作ろう！ ペンブロックの使い方を理解するの。

スクラッチのアクセス画面と「作る」「見る」「アイディア」などの画面

スクラッチにアクセスすると表示される画面

❶ はじめての人はこちらでユーザー名とパスワードを登録して、スクラッチに参加しましょう。

❷ 登録済みの人は、こちらでユーザー名とパスワードを入力して、サインインしてください。

❸ プロジェクトをはじめたい人は、ここを押してください。

❹ ほかの人がつくった作品を見たければ、ここを押しましょう。

❺ はじめての人は、ここを押して、チュートリアルを見ましょう。

❻ スクラッチの基本的な知識を知りたい人は、ここを押しましょう。

「作る」「見る」「アイディア」などの画面

「作る」を押すと表示される画面

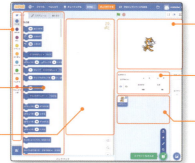

カテゴリーエリア：カテゴリーは、ブロックを用途によって分類します。このエリアでは、動き、見た目、イベント、制御、調べる、演算、変数、ブロック定義という9つのカテゴリーでブロックを分けています。

ブロックパレット：ブロックとは、プログラムの命令です。ブロックパレットには、9つのカテゴリごとにブロックが用意されています。

スクリプトエリア：スクリプトとは、プログラムのことです。このエリアでブロックを組み合わせることで、プログラムを作ります。

ステージ：このエリアでは、スクリプトを実行した結果が確認できます。スクリプトを実行するには、スタートボタンを押します。

スプライト情報ペイン：スプライトの場所、表示・非表示、大きさ、向きを設定するエリアです。

スプライトペイン：使っているスプライトを一覧表示するエリアです。どのスプライトのスクリプトを作るかを選択できます。

「見る」を押すと表示される画面

「ほかの人がつくった作品」は、アニメーション、アート、ゲーム、音楽、物語などに分けられています。

「アイディア」を押すと表示される画面

キャラクターや文字を動かしたり、音楽や物語やゲームを作ったりするチュートリアルが用意されています。

「Scratchについて」を押すと表示される画面

スクラッチを使っている人、スクラッチを開発した目的、スクラッチを利用している国や学校が紹介されています。

3つのモードとツール、パソコン版とタブレット版の違い

3つのモード =「コード」「コスチューム」「音」

「コード」モードの画面

「コスチューム」モードの画面

「音」モードの画面

❼ 拡張機能：演奏したり、絵を描いたり、音声を合成したり、翻訳したりなど、少し難しいことをやるときに利用します。

❽ スタートボタン：スクリプトの実行させるときに使います。

❾ ストップボタン：スクリプトの実行をストップさせるときに使います。

❿ エリア拡大ボタン：スクリプトエリアを拡大させるときに使います（スクリプト実行エリアは縮小）。

⓫ エリア縮小ボタン：スクリプトエリアを縮小させるときに使います（スクリプト実行エリアは拡大）。

⓬ 全画面表示ボタン：スクリプト実行エリアを全画面表示させるときに使います。

⓭ スプライトボタン：スプライトを選択したり、描いたり、追加したりするときなどに使います。

⓮ 背景ボタン：背景を選択したり、描いたり、追加したりするときなどに使います。

⓯ スクリプト描画ツール：スクリプトを描いたり、修正するために使います。

⓰ スクリプト変更ツール：スクリプトの色を変えたり、向きを変えたり、削除したりするときに使います。

⓱ キャンバス：ペイントエディターのコスチューム画像があるスペース。ここで画像を描いたり、加工編集したりできます。

⓲ 音編集ツール：音を早くしたり、遅くしたり、音響効果を加えたりするときなどに使います。

パソコン版とタブレット版の操作方法の違い

パソコン版の画面

パソコン版の基本操作は、「クリック」と「ドラッグ」になります。

基本的な画面構成は、パソコン版もタブレット版も同じです。

タブレット版の画面

タブレット版の基本操作は、「タップ」と「ドラッグ」になります。

「ファイル→コンピュータに保存」や「調べるカテゴリーの＜（　）色に触れた＞で色を選択するスポイトツール」がまだサポートされていません。

はじめに　3
登場人物紹介　4
本書で学ぶこと　5

スクラッチのアクセス画面と
「作る」「見る」「アイディア」などの画面　6
3つのモードとツール、パソコン版と
タブレット版の違い　7
スクラッチ3.0を使いこなそう　10

1時間目　「恐竜キャッチゲーム」を作ろう！　11
Question…ゲームを作れるって、ホント？

2時間目　「バスケットボールマンゲーム」を作ろう！　39
Question…ゲームから、いろんなことが学べるの？

3時間目　「サッカーゲーム」を作ろう！　75
Question…プロゲーマーって、しごとなの？

4時間目　「パズルゲーム」を作ろう！　113
Question…スクラッチで、絵も描ける？

5時間目　「音ゲーム」を作ろう！　139
Question…クリプトも、ゲームできるの？

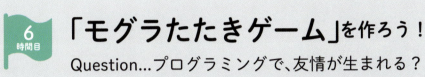

6時間目 「モグラたたきゲーム」を作ろう！ 167
Question...プログラミングで、友情が生まれる？

7時間目 「間違い探しゲーム」を作ろう！ 191
Question...クローンって、なんですか？

8時間目 「シューティングゲーム」を作ろう！ 219
Question...ゲームは、やる、作る？

9時間目 「UFOキャッチャーゲーム」を作ろう！ 257
Question...ぬいぐるみを取るコツは？

コンピュータ＆スクラッチの用語解説　302

スクラッチ3.0を使いこなそう

1 対応しているのはこのブラウザ

クローム
（パソコン・
タブレット対応）

サファリ
（パソコン・
タブレット対応）

ファイヤフォックス
（パソコン対応）

マイクロソフトエッジ
（パソコン対応）

インターネットエクスプローラー（IE）は使えないよ。

2 表示言語を選べます。

「にほんご」を選ぶと、すべてひらがなになるよ。

3 プロジェクトを保存できます。

タブレットには、まだ保存できないんだ。

4 プロジェクトを共有できます。

作ったゲームを世界中のユーザーと共有できるの。

5 チュートリアルがあります。

よくわからなければ、まずはやってみよう。

6 デスクトップ版もあります。

ネットがない環境でも、大丈夫だよ。

「恐竜キャッチゲーム」を作ろう！

1時間目

まずは、スクラッチのきほんと
キャラの動かし方を学びます。

Question...
ゲームを作れるって、ホント？

ここで、オリジナルのゲームを作れるっていうけど、ほんとうかな？。

こんにちは、プログラミングに興味があるんですか？

ここで、小学生でもオリジナルのゲームが作れるって聞いたんだけど、ホント？

はい、作れますよ。

ホントに本当？　僕のお兄ちゃん、大学でプログラミングを勉強しているけど、ゲームなんて作ってないよ。

でも、本当にプログラミングでゲームが作れるんです。信じてもらえません？

ごめんなさい。僕、人の話をすぐに信じないようにしてるんだ。

ハハハ、そうですか。自分の目で見て確かめるのも大切です。ではこれから、スクラッチ（Scratch）というプログラミングツールを使って、実際にゲームを作ってみましょうか。

えっ？　だれが作るの？

あなたですよ！

う、うん、わかった……（まだ、信じていない様子）。

Let's start！
「恐竜キャッチゲーム」を作ろう！

久楽さんは、教室に入ってきた蓮くんにタブレットを見せながら説明をはじめます。蓮くんは、うたがわしげなようすです。

 で、どのパソコンでプログラミングするの？

君の目の前にあるタブレットです。

 ウソだあー

そう思うのも当然かもしれません。スクラッチも3.0というバージョンになる以前は、パソコンでしかプログラミングできませんでした。でも、スクラッチ3.0ではタブレットでもできるのです。

クローム、サファリとは？
タブレットやパソコンでウェブページを見るときに使うアプリケーション（ソフトウェア）です。

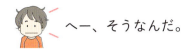 へー、そうなんだ。

まずは、 クロームか サファリというアプリをタップして立ち上げ、"Scratch"と検索してください。そして検索結果に「Scratch - Imagine, Program, Share」というリンクが表示されたら、リンクをタップしましょう。

スクラッチ・コミュニティ・サイトが立ち上がったら、「作る」ボタンをタップしてください。

タップとは？
タブレットやスマホの画面を軽く叩く操作です。パソコン上におけるマウスのクリックと同じ操作です。

この画面が表示されたら、プログラミングを始められます。

簡単に始められるんだね！ ところで、どんなゲームを作るの？

そうですね。最初はキャッチゲームがいいと思います。

キャッチゲーム！？

シンプルなゲームですけど、工夫次第で面白くすることもできます。早速、プログラミングを始めましょう。

は〜い。

表示されているネコを使ってもいいのですが、今回はスクラッチ3.0で新しく追加されたスプライトを使いましょう。

スプライトとは？
ステージ上に表示されるキャラクターや図形などの画像です。スクラッチのスプライトライブラリーには、たくさんのスプライトが用意されており、自由に利用できます。自分で用意したスプライトを使用すること、ペイントエディターでオリジナルのスプライトを描くことも可能です。

まずは、ネコのサムネイル にある×マークをタップして下さい。

あっ、ネコが消えちゃったよ。

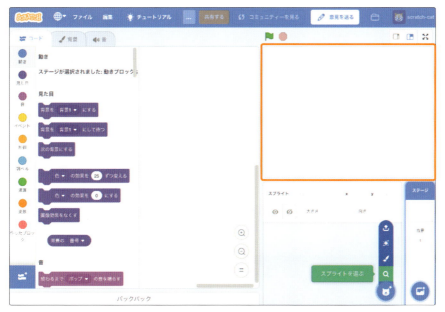

消えていいんです。「ネコのマーク」をタップの上で、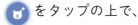の「スプライトを選ぶ」をタップしてください。スプライトライブラリーが表示されるので、「動物」をタップの上、Dinosaur4を選びましょう。

サムネイルとは？
縮小表示した画像です。スクラッチでは、スプライトを縮小表示しています。

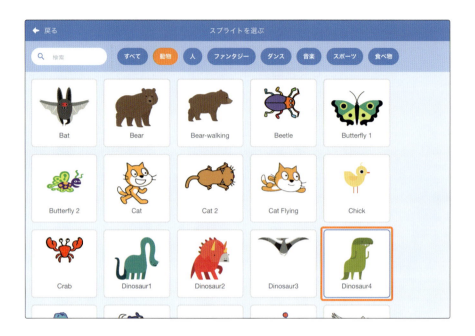

 わぁお、恐竜が出てきた！

この恐竜スプライトを動かしましょう。スクラッチでは、以下のようなブロックエリア内にあるブロックを組み合わせることでプログラミングします。

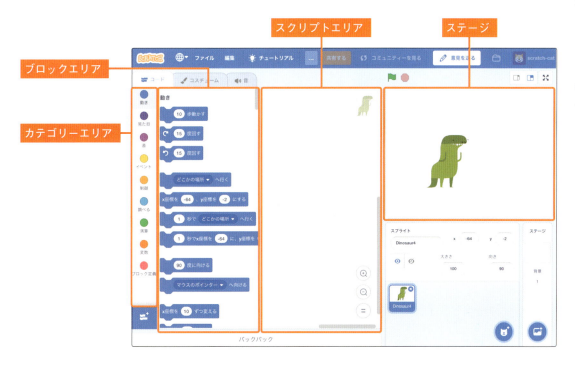

ブロックは、「●動き」「●見た目」「●音」「●イベント」「●制御」「●調べる」「●演算」「●変数」「●ブロック定義」のようにカテゴリー分けされています。カテゴリーをタップすると、使えるブロックがわかりますよ。

さて、●動きカテゴリーの ブロックをドラッグ＆ドロップして、右のスクリプトエリアへ移動してください。ブロックを組み合わせたものがスクラッチにおけるプログラム、つまりスクリプトです。

ブロックとは？
ブロックの形で用意されているスクリプトのことです。スクラッチでは、●動き●見た目●音●イベント●制御●調べる●演算●変数のようにブロックがカテゴリー分けされています。

ドラッグ・アンド・ドロップとは？
タブレットでは、移動させたいアイコンなどを押したままの状態で（画面から手を放さずに）指を動かし、移動させたい場所で手を放す操作です。パソコンでは、移動させたいアイコンなどをマウスの左ボタンで押したままの状態でマウスを動かし、移動させたい場所でボタンを離す操作です。

スクリプトとは？
スクラッチにおけるプログラムのことです。

スクリプトエリア

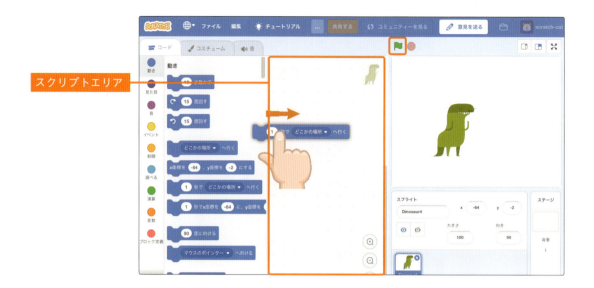

🟡イベントカテゴリーにある ▶が押されたとき ブロックもスクリプトエリアに移動して、 1秒でどこかの場所へ行く ブロックと連結してください。連結できたら、ステージ上の▶マークをタップしましょう。

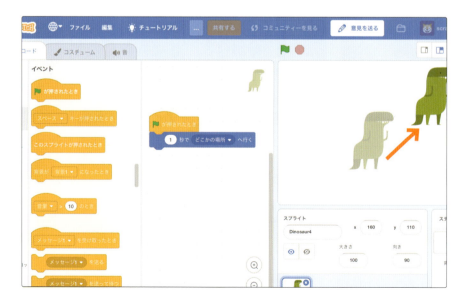

すごい！　恐竜が勝手に動いた！

次は、制御カテゴリーの  ブロックを

 と連結して マークをタップしてください。

今度は、恐竜が動き続けるよ！

じゃあ、「停止ボタン」を押してください。

あ、止まった。

ブロックのなかにあるブロックはずっと繰り返され、ステージ上の「停止ボタン」を押すと止まります。次はブロックの どこかの場所 をタップして、「どこかの場所」を「マウスのポインター」に変更してください。

 あれ？ をタップしても、さっきみたいに動かないよ。

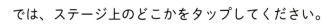 では、ステージ上のどこかをタップしてください。

あっ、タップした方向に恐竜が移動した！

 ブロックを実行すると、ステージ上のタップした位置へ1秒間で恐竜が移動するのです。

 そうか！ タップで恐竜を動かせるんだ！

 そうです。もっと早く動かしたいときは、 の部分をタップして、 のように、1よりも小さい数字に変更してください。逆に、1よりも大きい数字に変更すると、ゆっくり移動します。

 これなら、僕でもゲームが作れそうだ！

 さきほど、工夫次第で面白いゲームにできると説明しましたが、次はその工夫をしてみましょう。

イベントカテゴリーの このスプライトが押されたとき と、制御カテゴリーの 1秒待つ と、見た目カテゴリーの コスチュームを dinosaur4-a にする と コスチュームを dinosaur4-d にする を下図のように連結してください。引数を dinosaur4-d にするには、dinosaur4-a 部分をタップして dinosaur4-d を選びましょう。スクリプトが完成したら、ステージ上の恐竜をタップしてください。

わぁお、恐竜が口を開けた！

驚きましたか？ 恐竜の口が開いた理由は、画面左上の

をタップするとわかります。実は恐竜スプライトには、下図のように4つのコスチュームが用意されています。蓮くんに作ってもらったスクリプトで、恐竜をタップすると口を空いている dinosaur4-d という名前のコスチュー

24

ムに1秒間だけ変わったのです。

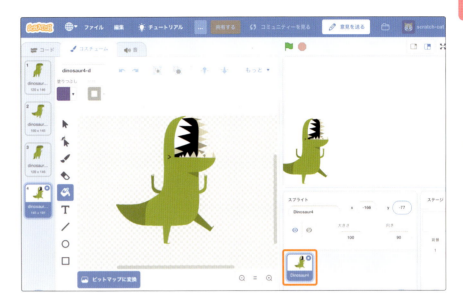

スクラッチには、コスチュームや背景を描くことができるペイントエディターがついています。形を変えたり、色を変えたり、自分で描いたりできます。今回は、キャンバス上の恐竜の口の色を赤色に変更してみましょう。 コスチューム のまま、画面左下のdinosaur4-d を選び、画面左側の塗つぶしツール を選択してください。

了解です。

そのままの状態で、画面左上の をタップして赤色に変えてみましょう。色＝0、鮮やかさ＝100、明るさ＝100にしてください。 になったら、恐竜の口の部分をタップしてください。

ペイントエディターとは？
スクラッチに付属している、画像などを描くアプリケーションです。

あ、恐竜の口が赤くなった！

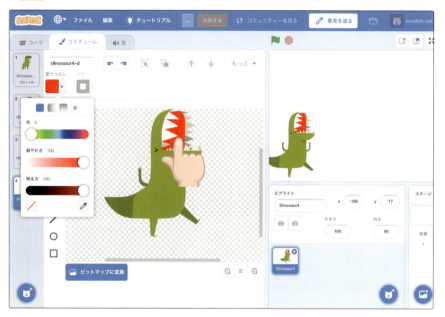

次はスプライトを追加します。画面左上の をタップしてスクリプトエリアに戻ってください。恐竜スプライトを追加したときと同じように、マークをタップし、 の虫メガネマークをタップの上、「食べ物」カテゴリーから好きなスプライトを選びましょう。

 僕、タコスが好きだからタコスにしよう。

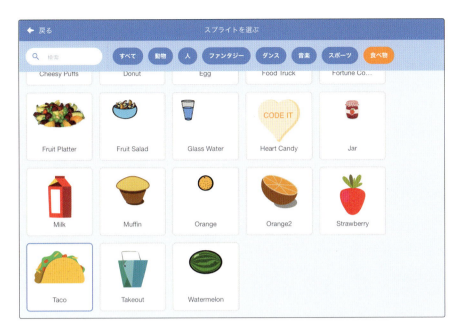

 大変だ！タコスがステージ上に現れたら、スクリプトが消えちゃったよ！

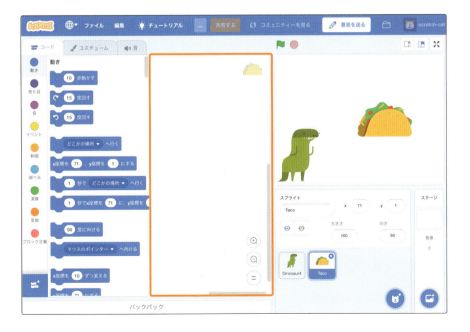

心配しなくても大丈夫ですよ。スクラッチでは、スプライトごとにプログラミングします。今は、タコスのスプライトが選択されている状態で、まだタコスのスクリプトは作っていないから何も表示されないだけです。恐竜のサムネイルをタップすると、恐竜のスクリプトが出てくるでしょ。

ホントだ、よかった。

タコスのサムネイル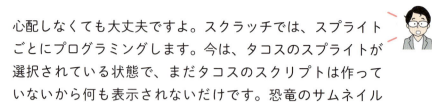をタップして、タコスのスクリプトエリアに戻りタコスのスクリプトを作りましょう。タコスをどんな風に使いたいですか。

えーと、落下してきたタコスを恐竜が食べるようにしたいな。

そのイメージ通りにスクリプトを作れますか。

そんなの難しすぎてできないよ。

じゃあ、もしタコスが日本語を理解できて、蓮くんの命令に従うとしたら、タコスを正しく命令できますか。

日本語ならできると思うよ。

それでは、日本語でお願いします。

「タコスくん、上から下に落ちてきて」

その命令だとあいまいすぎて、コンピュータには理解できません。つまり、「上とはどこか？」「落ちた後はどうすればいいか？」がわからないのです。

そうなの？　上はステージの上の方で、ゲームだったら落ちた後は消える。当然でしょ！

蓮くんにとっては当然でも、コンピュータにとっては当然ではないのです。「上」を恐竜のちょっと頭の上と考えるかもしれませんし、落ちた後もタコスをそのままの状態にしておこうと考えるかもしれません。「いま当然と考えている」こと、つまりあいまいさを除いたら、命令文はどうなりますか。

「タコス君、ステージの一番上からステージの一番下まで落ちて、落ちたあとは消えてください」 と命令すればいいの？

素晴らしい、その通りです！　この命令文なら、蓮くんの考えた通りに恐竜が動くはずです。明確な命令文を作れれば、プログラミングはそれほど難しくありません。あとは命令文にスクリプトのブロックを当てはめればいいのです。なお、**「ステージの一番上からステージの一番下まで」** の指定には、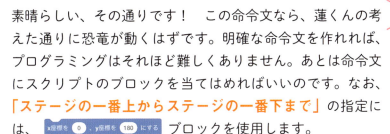 ブロックを使用します。

座標って？

座標は、スプライトのステージ上の位置です。x座標は左右の位置、y座標は上下の位置になります。

スクラッチでは、y座標=180がステージの一番上、y座標=-180が一番下、x座標=-240が左端、x座標=240が右端です。つまり、x座標=0、y座標=0は、ステージ中央となります。

`x座標を 0 、y座標を 180 にする` ブロックを実行すると、タコスは下図の位置に移動します。

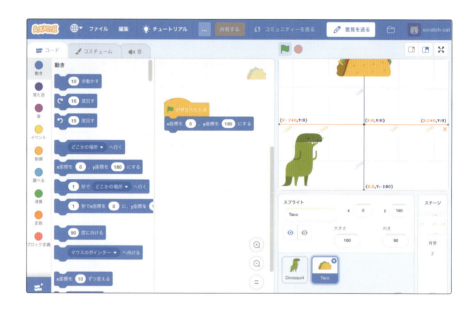

本当だ！　タコスが、ステージ一番上に移動した。

次に、タコスの左右位置をランダムにするため、🟢演算カテゴリーの `-200 から 200 までの乱数` という乱数ブロックを使用します。乱数とは、指定した範囲のいずれかの数です。つまり、

は、-200から200のいずれかの数を指します。

`-200 から 200 までの乱数` を座標ブロックの数字部分に結合して

（数字の上までドラッグ・アンド・ドロップして）、とするとタコスがx座標-200から200の間のどこかに置かれるわけです。

タコスの上下の位置はステージの一番上だけど、左右の位置がどこになるかわからないってこと？

そのとおりです。「下に落ちる」とは上下の位置を示すy座標が変わることなので、を使用します。「ステージの一番下まで」は、ステージの下端はy座標が-180なので、y座標が-180よりも小さいという意味のを使用します。を●制御カテゴリーの

に連結してにすると、このブロックのなかに入れたブロックは、がまで繰り返されるからです。では、このなかにどのブロックを入れればいいと思いますか？

えーと、「ステージの一番下まで落ちる」のだから、「下に落ちる」のかな？

正解です。蓮くん、すごいですよ。ちなみに、「落ちたあとに消える」は、を使用して下さい。あと、タコスの大きさが恐竜に比べて大きいので、を使用してサイズを小さくしましょう。

僕も、タコスが大き過ぎると思ったんだ。プログラミングなら簡単に大きさを変えられるんだね。

そうです。現実世界ではなかなかできないことを、簡単に実現できるのもプログラミングの面白いところです。

今まで説明したすべてのブロックを**「タコス君、ステージの一番上の方から、ステージの一番下まで落ちて、落ちたあとは消えてください」**に当てはめて、一つのスクリプト（プログラム）にすると下図のようになります。

スクリプトが完成したら、🚩マークをタップしてみてください。

やったー！タコスが落下して消えた。でも、タコスが繰り返し落下するようにできないかな？

簡単です。このスクリプトに🟠制御カテゴリーの

を連結すればいいのです。もしも、決まった回数だけ繰り返

したいときは、を使用してください。

また、注意が必要なのは、表示する を追加する点です。隠す で姿を隠した後に 表示する を実行しないと、スクリプトが隠れたままの状態になってしまうからです。隠す を使用したら、必ず 表示する を追加してください。

お手本のスクリプトが完成したら、ステージ右上の をタップしてフルスクリーンモードにして、ゲームをやってみましょう。

ゲーム開始は、マークをタップすればいいんだよね。

そうです。

やったー！ タコスが落ちてきた！ステージをタップして、タコスの落下地点あたりに恐竜を移動させて、次は恐竜を

タップすると、恐竜の口が開く……と。えっ、タコスが恐竜を通り抜けちゃったよ。

なぜだかわかりますか？

あっ、そうか！　恐竜の口に入ったらタコスが消えるのは当然と思っているのは僕だけで、タコスが恐竜の口に入ったら消えるように、タコスをプログラミングしなければならないんだ。

すばらしい、そのとおりです。

でも、どうやってプログラミングすればいいんだろう？「**タコスが恐竜の口に触れたら消える**」という命令文にすればいいのかな？

かなりいい命令文ですね。でも、恐竜の口に触れたらとい

うブロックはありませんよ。あるのは、
と という真偽ブロックです。真偽ブロックとは、
「真」と「偽」のどちらかの状態を判別するブロックです。
スクラッチでは、六角形の形をしたブロックが真偽ブロック
になります。

じゃあ、どうやってタコスは消えるタイミングがわかるんだ
ろう？　ちょっと難しいな。先生、ヒントください。

 と の引数部分をタップすると、

 のように触れた相手と  のように

色を変更できますよ。

そうか！　ブロックを使えば、タコスが恐
竜（Dinosaur4）に触れたら消えるプログラムが作れるんだ。
ちょっと待って！？　そうだ、恐竜の口を赤くしたのを思い
出したぞ。ブロックを使えば、タップして恐竜
が口を開けて、タコスが恐竜の口の中の赤色に触れたら消え
るようにできる。これなら、恐竜がタコスを食べてるように
見えるはずだ。

さすがですね。ブロックを使った場合は、
恐竜（Dinosaur4）のしっぽに触れても消えてしまいますが、

ブロックを使えば、赤恐竜の赤い口の部
分に触れたときだけ消えるようになります。

真偽ブロックとは？
ある条件が、「真＝正しい」か「偽＝正しくない」かのどちらかの状態を判別するブロックです。

35

🔴 色に触れた を使ってどのようにプログラミングするかは、はじめてプログラミングした人には難しいので、少し解説しましょう。

タコスは  により、x座標が-180以下（ステージの一番下）まで下に移動して消えますが、 y座標<-180 と 🔴色に触れた を または を使って連結して作った、

y座標<-180 または 🔴色に触れた を使用すれば、 y座標<-180 のときだけでなく 🦖 の部分に触れたときも、タコスは落下を止めて消えるようになるのです。ただし、 🦖 の赤と 🔴色に触れた の赤は、まったく同じでなければなりません。そのため、 🦖 の赤は 🔴色に触れた と同じく、色＝0、鮮やかさ＝100、明るさ＝100にしてください。

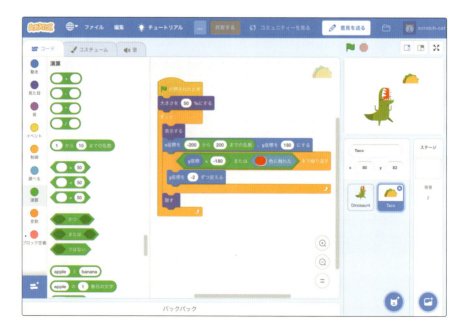

今回は、これでプログラム完成としましょう。

 先生に教えてもらいながらだけど、はじめてのプログラミングでゲームが作れた！ 先生、疑ってすみませんでした。

 いいんですよ。蓮くんが喜んでくれて、私もうれしいです。音を追加したり、点数を付けたりなど、まだ改良点はありますが、はじめてにしてはよくできたと思います。

 はい！

 あっ、最後にステージの背景だけ変更しましょうか。画面左下の マークをタップして、 の虫メガネマークをタップして、好きな背景を選んで下さい。

 すごい！背景も変えられるんだ！「屋外」カテゴリーに Jurassic という背景があった！

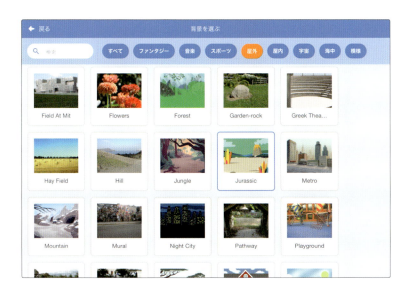

最後に、画面右上の ▣ をタップしてフルスクリーンモードにしてから、ゲームをやってみましょう！

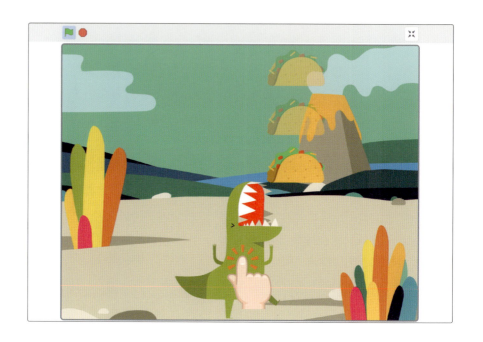

「バスケットボールマンゲーム」を作ろう！

2時間目

ここでは、座標の考え方とコスチュームの変更方法を理解します。

Question...
ゲームから、いろんなことが学べるの？

先生、こんにちは。今日は友だちの湊をつれてきたよ！
湊は、勉強がよくできてクラスの代表委員をやっているんだ。パソコンにも詳しくて、夏休みの自由研究をパソコンで作ったりしてるよ。

素晴らしいですね。パソコンでゲームはしないのですか？

はい。親からゲームはやめたほうがいいと言われてて……。

やり過ぎれば、たしかに悪い影響もあります。でも適度にやる分には、学べることもありますよ。

はあ……。
（納得がいかない様子）

たとえば、いま話題のVRやARは、何に一番利用されていると思います？

えーと…なんだろ？　ひょっとして……げ、ゲームですか？

その通り！　世界的に大ヒットした「ポケモンGO」にもAR機能が使われてます。ゲームをすることは、最先端のIT技術を体感しているとも言えるのです。湊くんも、ゲームを作ってみますか？

え？　本当にゲームをプログラミングできるんですか？　蓮が言っていたこと、本当だったんだ！

えっ、信じていなかったの！

ごめん。

VR（バーチャル・リアリティ）とAR（オーグメンテッド・リアリティ）とは？
VRはコンピュータによって作られた仮想現実を現実世界であるかのように体感させる技術、ARは現実の風景にバーチャル映像などを重ねて表示することで、目の前の世界を仮想的に拡張する技術です。

Let's start!

「バスケットボールマンゲーム」を作ろう！

2人がプログラミング教室に入ってきた。蓮くんはニコニコ顔だが、湊くんは少し緊張した様子。

 今日もタブレットでプログラミングするの？

　　　　　　　　　　今日はパソコンを使いましょう。

 えー難しそうだからやだなあ。

　　　　　　タブレットでもパソコンでも、スクラッチでのプログラミングに大きな違いはありませんよ。

 本当？

タブレットのときと同じように、クロームやサファリなどのウェブブラウザを立ち上げてください。
インターネットエクスプローラーはサポートしていません。

次に、ネコのサムネイルにある×マークをクリックし、

さらにマークをクリックの上、スプライトを選ぶの虫メガ

ネマークをクリックしましょう。

2時間目「バスケットボールマンゲーム」を作ろう！

ウェブブラウザとは？
パソコンやスマホでインターネットに接続し、ウェブページを閲覧したり、インターネット上のシステムを利用したりするときに使用するアプリケーションです。スクラッチ3.0でサポートしているブラウザは、クローム（Chrome）、エッジ（Edge）、ファイヤーフォックス（Firefox）、サファリ（Safari）になります。

43

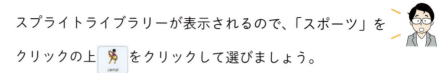

スプライトライブラリーが表示されるので、「スポーツ」をクリックの上 をクリックして選びましょう。

ステージ上にバスケットプレイヤーが表示されたよ。

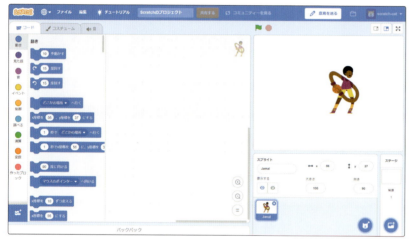

スクリプトを作る前に、 タブをクリックしてみましょう。

お絵描きソフトのような画面が出てきました。

44

湊くんはお絵描きソフトを使ったことがあるのですね。スクラッチでは、このペイントエディターを使って、スプライトのコスチュームを描きかえたり、作ったりします。

スクラッチって、よくできてますね。

まずは、ペイントエディターで のコスチュームを描き変えてみましょう。Jamal-b の左手部分をクリックしたあと、キャンバス上のグループ解除ツール をクリックしてグループ化を解除してください。その後、何もないキャンバス部分をクリックした後、Shift キーを押したまま Jamal-b の左手部分とリストバンドをクリックしてください。このように、Shift キーを押したまま、いくつの対象をクリックすると、すべて同時に選択できます。

Shift キー（シフトキー）とは？
ほとんどのキーボードにおいて、下から2段目の左側と右側に2つ設置されているボタンです。キーボードのモード切り替えに使われます。

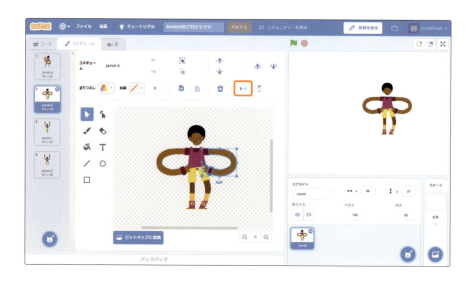

たとえば、のようになっていれば、左手とリストバンドが両方選択されていることになります。このままの状態で、左右反転ツール をクリックしてください。

左手とリストバンドの向きが変わった。

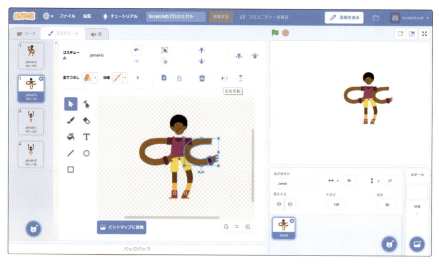

次に、 部分を右上にドラッグして右腕の向きを変え、
今度は、 のどこかをドラッグして、下図の位置まで移
動させてください。

腕を選択したまま、形を変えるツール をクリックする
と腕のまわりに点があらわれます。

この点をドラッグすると形を変更できます。また水色の線の上をクリックすると、新しい点があらわれます。この点を下図のようにドラッグして手の形を変えてください。なお、取り消しツール をクリックすれば前の状態に戻せます。

腕の形を変更できたら、再度、選択ツール をクリックして、今度はリストバンドだけを選択してください。選択できたら、 ボタンから赤を選び、リストバンドの色を赤に変えてください。赤色は、色＝0、鮮やかさ＝100、明るさ＝100を選びましょう。

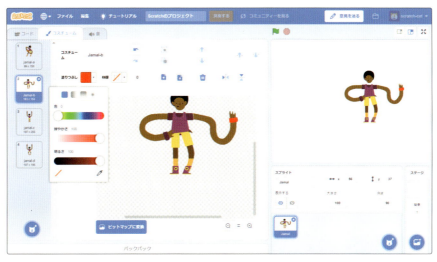

同様に、コスチューム Jamal-c と Jamal-d を選び、それぞれを下図のように変更してください。

Jamal-c

Jamal-d

 ふー、なんとか終わりました。

2時間目 「バスケットボールマンゲーム」を作ろう！

49

それでは、プログラミングを始めましょう。まず、画面右下の  マークをクリックした上で、の虫メガネマークをクリックしてください。今回の授業では、「座標」について詳しく説明するので、「すべて」のカテゴリーから「Xy-grid」という背景を選択しましょう。

　ステージ上に線のようなものが現れました。

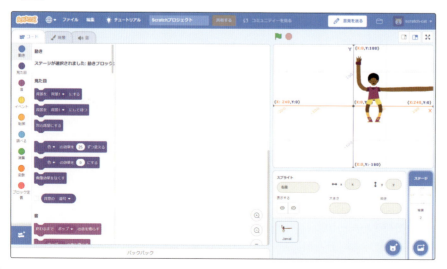

この線は、「座標軸」と呼ばれます。座標軸の値から、ステージ上のスプライトの位置がわかります。横の位置がＸ座標の値、縦の位置がＹ座標の値です。

ステージ下の を選択し、画面左上の をクリックの上で、 ブロックをスクリプトエリアに追加しましょう。Ｘ座標とＹ座標の値は、 の数字部分をクリックすれば変更できます。その上で、 をクリックしてください。

 がステージ下に移動しました。

Ｘ座標＝0は横軸の真ん中、Ｙ座標＝-75は縦軸下なので、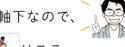 ブロックを実行すると、 はステージ左右中央の下半分に移動します。次に、 タ

51

ブをクリックしてペイントエディターに移り、Jamal- b と Jamal- d のリストバンドが下図のように、それぞれ X 座標 =100、X 座標 =200の位置になるよう、形を変えるツールや選択ツールを使ってコスチュームを調整しましょう。

Jamal- b

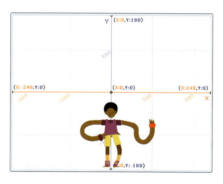

リストバンド X 座標 = 100

Jamal-d

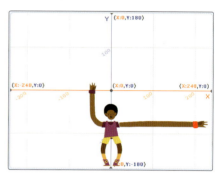

リストバンド X 座標 = 200

リストバンドの位置の調整が終わったら Jamal- b のコスチュームを選んでください。その上で、コードをクリックしてスクリプトエリアに戻り、x座標を 0、y座標を -75 にする の下に -90 度に向ける ブロックを追加します。この「() 度」はスプライトの向きを意味し、数字部分をクリックすると

 が表示されるので、 をドラッグして角度を

-90度に変更してください。

52

あっ大変！ Jamal-b がひっくり返った！

さらに、■■■ブロックを追加して ▶ をクリックしましょう。

 よかった。Jamal-b の向きが戻りました！

ブロックを使えば、 や や を実行しても、ひっくり返ったり、下を向いたり、上を向いたりしなくなります。ところで、 を実行した後の Jamal-b の赤いリストバンドの位置は左右どちらになっていますか。

 左側になっています。

 を実行する前の Jamal-b の赤いリストバンドの位置は、X 座標＝100でしたが、実行後、X 座標はいくつになっていますか。

 えーと、X 座標＝ -100 です。

 Jamal-d の赤いリストバンドの位置は X 座標＝200でしたが、コスチュームを Jamal-d にして  を実行した場合、赤いリストバンドの位置はどこになると思いますか。

 うーん……。X 座標＝ -200 ですか？

 さすが、湊くん、その通りです。赤いリストバンドの X 座標はそれぞれ、-200、-100、0、100、200 となりますね。

 赤いリストバンドの位置が、今日作るゲームに関係あるってことですか？

そのとおりですよ。

Jamal の赤いリストバンドの X 座標

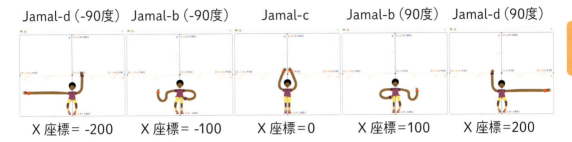

Jamal-d（-90度）	Jamal-b（-90度）	Jamal-c	Jamal-b（90度）	Jamal-d（90度）
X 座標＝-200	X 座標＝-100	X 座標＝0	X 座標＝100	X 座標＝200

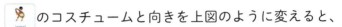のコスチュームと向きを上図のように変えると、の赤いリストバンドの X 座標がそれぞれ、-200、-100、0、100、200になることを覚えておいてください。

はい。でも、どうすれば  のコスチュームや向きを変えられるのかな。

それには、プログラミングする必要があります。今回は、マウスをクリックしたときのマウスのポインターの X 座標 `マウスのx座標` によって、コスチュームと向きを変えるスクリプトを作りたいと思います。

マウスポインターにも座標があるんですね。

はい。ステージ上にマウスのポインターがあれば、その位置は (マウスのx座標) と (マウスのy座標) によってわかります。では、ステージ上をマウスクリックしたときの (マウスのx座標) の値により、下図のように のコスチュームと向きが変わるスクリプトを作りましょう。

Jamal-d (-90度)	Jamal-b (-90度)	Jamal-c	Jamal-b (90度)	Jamal-d (90度)
コスチュームを jamal-d にする / -90 度に向ける	コスチュームを Jamal-b にする / -90 度に向ける	コスチュームを jamal-c にする	コスチュームを Jamal-b にする / 90 度に向ける	コスチュームを jamal-d にする / 90 度に向ける
(マウスのx座標) < -149	-150 < (マウスのx座標) < -49	-50 < (マウスのx座標) < 51	50 < (マウスのx座標) < 151	150 < (マウスのx座標)

(マウスのx座標) の値によって、 のコスチュームと向きが変わる動作はわかるけど、それをどのようにプログラミングすればいいかがわかりません。

「ステージ上をマウスでクリックしたとき」を意味するブロックは、〔もし (マウスが押された) なら〕です。〔もし ◇ なら〕と (マウスが押された) を連結することで、(マウスが押された) という条件が成立したときの動作を設定できます。
このなかに入れるブロックは、(マウスのx座標) の値によって

のコスチュームと向きを変えるスクリプトにします。

たとえば、< -149のときにJamal-d（-90度）にするスクリプトは、 に

を連結したブロックとなります。

同様に、-150 < マウスのx座標 < -49、-50 < マウスのx座標 < 51、

50 < マウスのx座標 < 151、150 < マウスのx座標 の条件に該当するスクリプトを入れましょう。つまり、これが正しいスクリプトとなります。

 これで、 のスクリプトは完成ですか。

はい。完成です。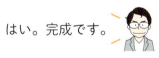

 やったー！

をクリックの上で、ステージ上をマウスでクリックして、 のコスチュームと向きを変えてみましょう。

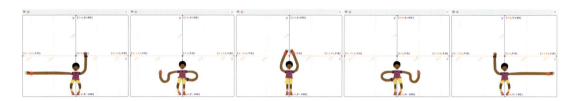

次は、バスケットボールのスプライトを追加します。

画面右下の  マークをクリックの上、

の虫メガネマークをクリックしてください。
スプライトライブラリーが表示されるので、「スポーツ」カ

テゴリーにある を選びましょう。

バスケットボールのスプライトが追加されました。

58

このボールをステージの上から下に落下させ、ボールをキャッチするゲームを作ります。

プレイヤーが を操作するんですね。

ボールは、どこに落下させればいいと思いますか？

ステージ上なら、どこでもいいんじゃない？

ボールがどこでも落下できるなら、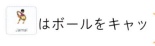 はボールをキャッチできないこともありますよね。

そうか……、じゃあどこに落とせばいいんだろう？

ヒントは、 の赤いリストバンドです。

そうか、赤いリストバンドのX座標だ！

2時間目 「バスケットボールマンゲーム」を作ろう！

59

そ通りです。赤いリストバンドのＸ座標＝ -200、-100、0、100、200の位置にボールを落下させるスクリプトを作りましょう。蓮くん、プログラミングの前に何をしたか覚えていますか？

は、はい。たしかバスケットボールが日本語を理解できると思って、ボールに命令する日本語を考えるんですよね。

そう、正確な命令ですよ。誰でもわかるように命令することが、プログラミングで一番大切なんです。

わかってるけど、簡単じゃないんだよなあ。

まず、湊くんがやってみますか？

「ボールくん、上から下へ移動してください」

その命令文だと、上はどこで、下はどこかがわかりません。

あっ、そうか？

湊くんが思っている上とは、どこですか？

この辺です（ステージ上部を指す）

上と言ったら、だれでもそこを指さすと思いますか？

だれでもじゃないかも……。

プログラミングの世界では、だれでもわかるように場所を説明しなくてはなりません。蓮くんは、先週やったからわかりますよね。

えーと、「ボールくん、ステージの一番上から下方向に移動してステージの一番下まで移動したら、ステージの一番上まで戻ってください。そしてストップボタンを押すまで、この動作を繰り返してください」

すばらしい。でも、もう少し命令文を追加する必要がありますよ。

ボールは、の赤いリストバンドのX座標上に、落下しなくてはならないってことですか。

よく気がつきましたね。では、そのボールの動きを今度は湊くんが説明してもらえますか。

はい。「ボールくん、横の位置はX座標=-200、-100、0、100、200のどれかで、縦の位置はステージの一番上に移動して、そのあと下方向に移動してステージの一番下までいったら、横の位置はX座標=-200、-100、0、100、200のどれかで、縦の位置は一番上まで戻ってください」

あとはこの命令文の通りに、スクリプトブロックを組み合わせましょう。まずは、蓮くんの命令文からプログラミングします。ステージの一番上はY座標＝180、ステージの一番下はY座標＝-180とします。「ステージの一番上から下方向に移動して、ステージの一番下まで移動したらステージの一番上まで戻る」というスクリプトブロックを作ってください。

> **ヒント**

1. 「ステージの一番上から」は  ブロックです。
2. 「ステージの一番下まで」を判定するのは  を連結した  ブロックです。
3. 「ステージの一番下まで移動する」は、

 これでいいでしょうか？　間違いかもしれませんけど……。

正解です！　ただ、プログラミングは間違ってもまったく問題ありません。最終的に、きちんと動くスクリプトになればいいんですよ。

さて、**「ストップボタンを押すまで（ステージの一番上から下方向に移動して、ステージの一番下まで移動したらステージの一番上まで戻る）を繰り返す」**は、

 のなかに、いま蓮くんが作ったスクリプトを入

れるだけです。

こんな感じかな？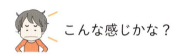

では、 をクリックしてみてください。

すごい！ ボールが一番上から下に移動して、ステージの一番下まで移動したらステージの一番上に戻った。

ブロックのなかにあるブロックは、繰返し実行

されることがわかりましたね。また のなかにあるブロックをよく見ると、y座標を 180 にするがブロックの上部と下部にあるのがわかるはずです。なかのブロックは繰り返されるので、y座標を 180 にするが2回連続で実行されることになります。ボールの動きとしては問題ありませんが、必要ないので下部にある y座標を 180 にする は削除します。

次は、湊くんの番です。「**ステージの一番上に移動したとき、横の位置はX座標＝ -200、-100、0、100、200のどこかに移動する**」というブロックを組み立てましょう。スプライトの横の位置を決めるのは、XとY、どちらの座標でしょう？

 えーと、X座標です。

スプライトのX座標を指定するブロックは、 を使います。このブロックを実行したとき、スプライトはX座標＝200に移動します。

 ということは、の数字を、-200、-100、0、100、200にすればいいのですね。

そうです。

 でも、「**X座標＝ -200、-100、0、100、200のどこかの位置で**」はどんなブロックになるんだろう？

これは、少し難しいですね。やり方はいくつかありますが、●変数を使ったやり方が理解しやすいでしょう。
変数とは、数や文字を保存（記憶）しておける入れ物のようなものです。スクラッチ3.0では、はじめから「作った変数」という変数が用意されています。「●変数」カテゴリーの一番上にある「変数を作る」ボタンをクリックして変数を作ってみましょう。

　　　変数を作る　ボタンをクリックしたら、小さな画面が表示されました。

「新しい変数名：」という入力ボックスに、自分の好きな変数名を入れてください。今回は「ボールの位置」と入力しましょう。

✅ ボールの位置 という変数が追加されました。

✅ ボールの位置 チェックボックスにチェックを入れると、ステージ上に変数の値がステージモニターとして表示されます。チェックを外せば、ステージ上のステージモニターは表示されなくなります。

さあ、この ボールの位置 という変数を使ってボールを「**X座標 = -200、-100、0、100、200のどこかの位置に移動する**」というスクリプトを作りましょう。

 ボールの位置 という変数を使えば、ボールのX座標が勝手に変わるようになるんですか？

変数だけではダメです。 1 から 10 までの乱数 ブロックも必要になります。この乱数ブロックは、指定した数の範囲（このブロックでは1～10）で、ランダムな数を返します。1～10まで数字をコンピュータが選んでくれると理解してください。

もしかして、 (1 から 10 までの乱数) というブロックを使って、コンピュータに -200、-100、0、100、200のいずれかのＸ座標を選んでもらうんですか。

その通りです！　選んでもらうＸ座標は -200、-100、0、100、200の5つなので、(1 から 5 までの乱数) と引数を1〜5に変えてください。(1 から 5 までの乱数) を実行すると、1〜5の範囲でランダムな数を返すようになります。

そうか、乱数の値が1だったらＸ座標＝ -200、乱数2はＸ座標＝ -100、乱数3はＸ座標＝0、乱数4はＸ座標＝100、乱数5はＸ座標＝200にすればいいんですね。

そうです。ここで (ボールの位置) 変数の出番です。
(1 から 5 までの乱数) は値を記憶できず、また実行するたびに返ってくる値が違うので、(ボールの位置 ▼ を 0 にする) に
(1 から 5 までの乱数) を連結した
(ボールの位置 ▼ を 1 から 5 までの乱数 にする) ブロックで、
(1 から 5 までの乱数) の値を (ボールの位置) に保存（記憶）します。この (ボールの位置) に保存（記憶）された値が、1だったらＸ座標＝ -200、2ならＸ座標＝ -100、3ならＸ座標＝0、4ならＸ座標＝100、5ならＸ座標＝200になるブロックを作ればいいわけです。

引数（ひきすう）とは？
コンピュータプログラムにおいて使用する数値のことです。スクラッチブロックの場合、数字や文字を入力できる部分が引数となります。

上図の右側ブロックがつまり、 1 から 5 までの乱数 の値を ボールの位置 に保存（記憶）し、ボールの位置 の値によりＸ座標を -200、-100、0、100、200のいずれかに設定するスクリプトです。これを、左側ブロックの矢印の位置に連結すれば完成です。

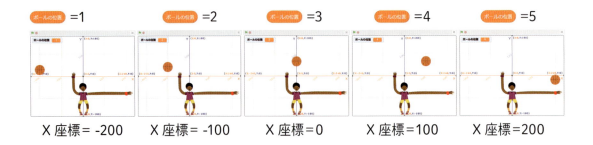

ボールのX座標が変わるようになった！

成功ですね。

クリックで  のコスチュームと向きを変えて、このボールをキャッチすればいいんだよね。ゲームをやってみたい！

どうぞ。

あっ、ボールがすり抜けた。

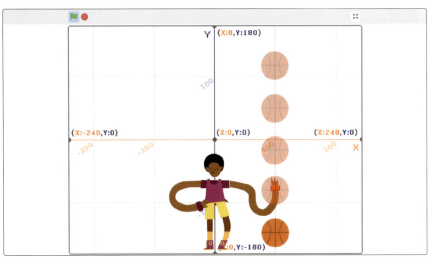

前回、蓮くんも同じような体験をしましたよね。

手とボールが触れたら、ボールの動きが止まると思っているのは僕たちだけなんだ。プログラミングの世界では、手に触れたらボールが止まることもきちんと伝えないといけないんだ。

そのとおりです。実際の社会でも、自分が当たり前と思っていることをすべての人が当たり前と思うわけではありません。相手の立場に立って考え、伝える必要があるのです。この考え方は、「プログラミング教育が重要だ」と言われる理由の1つです。

プログラミングすることで、社会で役立つ考え方も学べるんですね。

さて、ボールが の手に触れたらボールが止まるスクリプトは、 ではなく のスプライトに組み込みましょう。

なぜ、 じゃないんですか。

 自身が動いているからです。 の手に触れて止まるときも、自分が止まるほうが自然です。現実の世界では人間の手がボールを止めますが、プログラミングの世界では手に触れたらボールが自ら止まるわけです。

でも、コンピュータは、何が の手なのかがわからないんじゃないですか。

湊くんもプログラミングの考え方がわかってきましたね。

じゃあどうすれば、はの手に触れたことを認識できるんだろう？

●調べるカテゴリーのという真偽ブロックがヒントです。

わかった！のリストバンドだ！　だから、色を赤に変えたんですね。

それがわかれば、スクリプトはそれほど難しくありません。

の部分をクリックするとが表示されるので、をクリックします。その後、ステージ部分だけが明るくなるので、のようにマウスポインターをリストバンドの赤い部分まで移動させてクリックしてにします。これで、のリストバンドの赤との赤が同じ色になります。

その上で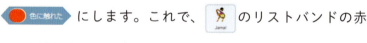とを使って

をに変更しましょう。この

スクリプトに変更するまでは、になるまでボールは下方向に移動していましたが、場合もボールは下方向への移動を停止するようになります。

これが正しいスクリプトです。

本当だ！ ボールが の赤いリストバンドに触れたら、下方向への移動が止まりました。

スクリプトは完成です。最後に、画面右下の マークをクリックの上、 の虫メガネマークをクリックして、好きな背景を選んでください。

「スポーツ」から、バスケットボールの背景を選びました。

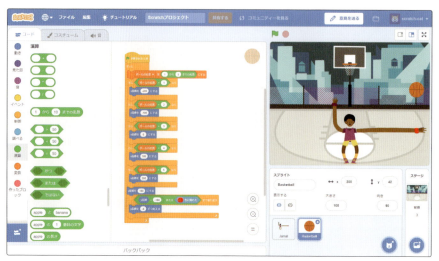

バスケットボールゲーム完成ですね。ステージ右上の をクリックし、フルスクリーンモードにして、実際にゲームをやってみましょう。

「サッカーゲーム」を作ろう！

3 時間目

ここでは、角度の考え方と音の鳴らし方がわかるよ。

プロゲーマーって…しごとなの？

先生、こんにちは。また新しい友だちを連れてきたよ！

こ、こんにちは。片理 大翔です。

大翔はゲームが大好きで、ゲームばかりやっているんです！

僕、ゲームなら誰にも負けないよ。

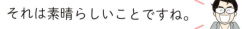それは素晴らしいことですね。

プロゲーマーになるのが夢なんだ。

プロゲーマーとは？
コンピュータゲームをプレイすることを仕事として、その賞金や報酬で生活している人です。

そんなしごとあるの？ 好きなゲームをやってお金が貰えるなんてズルいや。

 そんなことありませんよ。スポーツ選手がプロになるように、ゲームの世界でも一流のプレイヤーがプロになる時代が来たんです。

 やったー！

 僕はプロゲーマーより、プログラミングする方が向いているかも。

 湊は、ゲーム下手だからな。

 大翔、今笑ったな（怒）

 喧嘩しないでください。今日は、プロゲーマーにも人気のサッカーゲームを作りましょうか。

 うん！

 はい！

 は、はい！

Let's start!
「サッカーゲーム」を作ろう！

プロゲーマーとして大会に優勝することを夢見る大翔くん。ゲームの腕はプログラミングにも活きるのでしょうか。

タブレットでスクラッチのページを立ち上げて、「作る」ボタンを押したら、のサムネイルにある×マークをタップして、ネコを削除してください。その上で、マークをタップして、の虫メガネマークをタップしましょう。

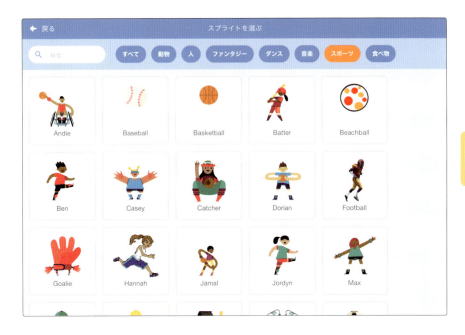

スプライトライブラリーが出てきました。今回は、「スポーツ」から   をタップして選んでください。

できました！

えっ？ もうできたの！

いつもやってるゲームと比べたら、カンタン、カンタン。

大翔くんは知らず知らずのうちに、ゲームからコンピュータの操作をいろいろ学んでいるんですね。

3時間目 「サッカーゲーム」を作ろう！

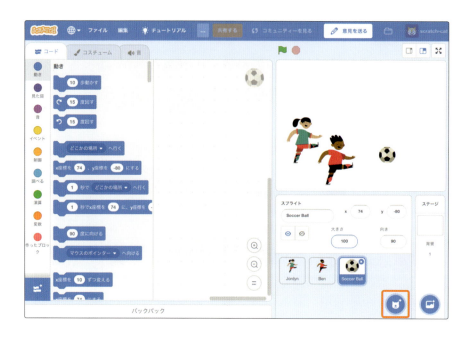

次は、画面右下の  マークをタップの上、の虫メガネマークをタップして、という背景を選んでください。

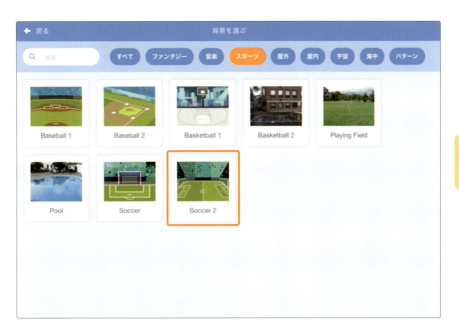

サッカーらしい感じになった！

3時間目 「サッカーゲーム」を作ろう！

81

これは、ステージの背景コスチュームが選択されている状態です。最初は、ボールのスクリプトを作りたいので、画面右下の 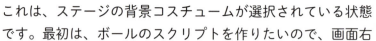 のサムネイルをタップしてください。

大きなサッカーボールが表示されたよ。

スプライトのコスチュームが表示されているので、画面左上の コード タブをタップしてください。

こんどは、長方形のブロックとスペースが出てきた。

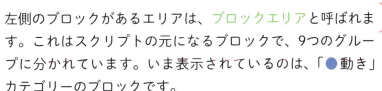

左側のブロックがあるエリアは、ブロックエリアと呼ばれます。これはスクリプトの元になるブロックで、9つのグループに分かれています。いま表示されているのは、「●動き」カテゴリーのブロックです。

画面真ん中あたりのスペース部分は、スクリプトエリアと呼ばれます。ここにブロックを移動させて、スクリプトを作りましょう。

今は、サッカーボールの サムネイルが選択されているので、サッカーボールのスクリプトを作ることができます。

 へー、そうなんだ。僕でもできるかなぁ。

大丈夫ですよ。3人で力を合わせれば、ね。

| ブロックエリアとは？
| スクリプトの元となるブロックです。ドラッグ＆ドロップでブロックをスクリプトエリアに移動したり、ブロック同士を連結したりできます。ブロックは、●動き ●見た目 ●音 ●イベント ●制御 ●調べる ●演算 ●変数といったカテゴリーでグループ分けされます。

| スクリプトエリアとは？
| ブロックを移動させたり、ブロック同士を連結してスクリプトを作る場所です。ここでプログラミングします。

はい！

まずは、サッカーボールの スクリプトです。 をタップすると、サッカーボールが65％の大きさになり、グラウンドの中心に移動するスクリプトを3人で作ってください。ただし、大翔くんは今日がはじめてなので、蓮くんと湊くんは教えてあげてください。

蓮と湊は大翔に、座標がステージ上のスプライトの位置を教えてくれること、X座標は横の位置、Y座標は縦の位置を示すこと、●見た目カテゴリのブロックで大きさを変えられることを説明した

   で合ってますか。

正解です。正しくプログラミングできたのも素晴らしかったのですが、大翔くんへの説明もよかったですよ。

 うん、わかりやすかった。

  （褒められて嬉しそう）

問題1

上図にある4つのブロックを使って、以下のスクリプトを作ってください。

「 🚩 をタップすると、サッカーボールがグラウンドのタッチライン（上の白線）まで移動する」

ヒント

ドラッグ＆ドロップで、サッカーボールをグラウンドのタッチラインまで移動させると、タッチラインのY座標がわかります。

左図のサッカーボールのステージ上の座標は、X座標＝0、Y座標＝1です。この値を参考にスクリプトを作ってください。

を使うとボールはどうなるの？

 Y座標が1ずつ変わるから、上方向にちょっとずつ移動すると思うよ。

 Y座標は縦の位置を示しているんだ。

 うん。だから、タッチラインまでボールを動かすには を何回も繰り返し実行する必要がある。

 ブロックの形を見ると、 と を連結すると思うんだけど……。

 プログラミングは、そんな簡単じゃ……って、ホントだ。

 さすがゲーマー、ゲーム感がいいね。

 えへへ（照れ笑い）。たぶん、 と も連結するんだよね。

 そうだね！ は算数でならった不等号で、 はサッカーボールのY座標だから、この2つのブロックを使って「ボールのY座標がタッチラインのY座標よりも大きくなるまでボールのY座標を1ずつ変える」という

スクリプトにすればいいんじゃない。

タッチラインのY座標の値は、僕が調べるよ。サッカーボールをドラッグ＆ドロップで移動させて、スプライト情報ペインのY座標の値を見ればいいんだ。タッチラインのY座標はおよそ0だ。

やっと、できた！

素晴らしい！　3人で力を合わせて正解を見つけましたね。

3時間目　「サッカーゲーム」を作ろう！

スプライト情報ペインとは？
スプライトの名前、X座標、Y座標、大きさ、向き、表示・非表示などの情報が記述されたエリアです。「ペイン」は、英語で「枠」を意味します。

問題2

上図の4つのブロックを使って、以下のスクリプトを作ってください。

「サッカーボールがタッチライン（上）からタッチライン（下）まで、下方向に移動する」

下方向に移動だから y座標を -1 ずつ変える で、Y座標を -1ずつ変えるんですよね。

ドラッグ＆ドロップで、ボールをステージ下側のタッチラインまで移動させて、Y座標の値をチェックするんだ。えーと、Y座標＝ -160ぐらいか。

あー、僕がやりたかったのに。

 ■をタップしたら、ボールが上のタッチラインまで移動した後、下のタッチラインまで移動したよ。

 あっ！  を使ったら、ボールは上下に移動するようになるんじゃないかな？

 いいアイディアだね。やってみよう。

3時間目 「サッカーゲーム」を作ろう！

 すごい！ ボールが行ったり来たり上下に移動し続けるようになったよ。

おお、素晴らしい！ ゲームをアレンジしたのですね。のスクリプトはまだ完成してませんが、ここで のスクリプトに移りましょう。

まずは、ステージ下の をタップして選択し、 をタップしてください。

少しコスチュームの位置を調整したいと思います。選択ツール が選択されていることを確認し、コスチューム画像の左上をタップし、画面から指を放さずにコスチューム画像の左下までドラッグして指を放してください。

コスチューム画像が下図のように選択されたことがわかるはずです。

この状態のコスチューム画像をドラッグ＆ドロップで、少し上に移動させて、コスチューム画像の中心を左ももあたりに変更してください。 の位置を変更したら、 の中心位置も同じように変更しましょう。

「●動き」カテゴリーのブロックなどで動かすとき、スプライトは中心を起点として動くので、中心を足に近い位置に変更したのです。

🚩 をタップした後、 のステージ上の位置をＸ座標 = -150、Ｙ座標 = -70、大きさ65％、コスチュームを `コスチュームを jordyn-b にする` にするスクリプトを作ってほしいのですが、大翔くんできますか。 `コード` タブをタップしてから、スクリプトを作ってくださいね。

うん！ サッカーボールのときと同じようにやればいいんだよね。

（少し時間が経ってから）できたけど、これで良いのかな？

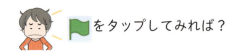をタップしてみれば？

いいアドバイスです。プログラミングを作った後は、こまめに🚩をタップしてきちんと動くか、たしかめましょう。プログラミングはテストと違って、途中で間違っても、まったく問題ありません。最終的に正しいスクリプトになればいいのです。正しいスクリプトへの近道は、こまめにチェックすることなのです。

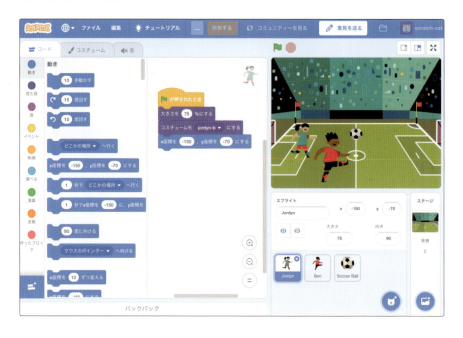

正解だね。

うん（優等生の湊に褒められて嬉しそうな顔）。

問題3

 と 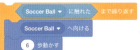 を使用して、以下のスクリプトを作ってください。

「🚩 をタップした後、ステージ上をタップすると がサッカーボールに向かって移動し、サッカーボールに触れたら移動をストップする」

ヒント

スプライトを移動させるとき、`x座標を 10 ずつ変える` `y座標を 10 ずつ変える` などの座標を変えるブロックを使用しましたが、`10 歩動かす` というブロックでもスプライトを移動できます。`10 歩動かす` が座標による移動と違う点は、スプライトには下図のように向きがあり、向いている方向に移動することです。下図の Jordyn は右斜め上を向いているので、`10 歩動かす` を実行すると、右斜め上方向に移動します。

ブロックがすでに連結されているから、簡単だね。

そうかな？　僕には難しいよ。

は、タブレットの場合、タップするまで待つという意味だよね。

パソコンの場合はクリック、タブレットの場合はタップするまで、スクリプトを停止するというブロックだと思うよ。

その通りです。

はどういう意味だろう？

サッカーボールに触れるまで、が繰り返し実行されるんだよね。

がサッカーボールに向かって移動し続けて、サッカーボールに触れるまで繰り返すわけだから、サッカーボールに触れたら動きが止まるのかな。

大翔くん、よくわかりましたね。

つまり、問題3の答えはこれだ。

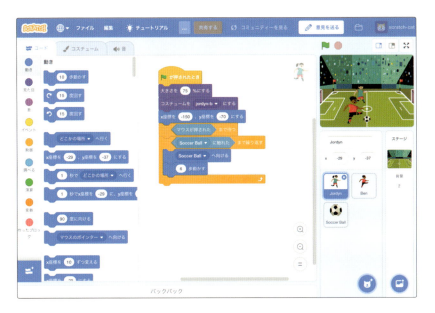

 スクリプトを作ったら、🚩をタップして正しく動くか確認だよ！

 あっ、そうか。

🏁をタップして、そのあとにステージをタップしてと……。ちゃんと動いたよ！

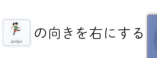の向きを右にするを、

の後に追加してください。

を追加しないと、🏁をタップした後も が

傾いたままになってしまいます。

🏁をタップしても、 の情報が勝手にリセットされるわけじゃないんだね。

問題4

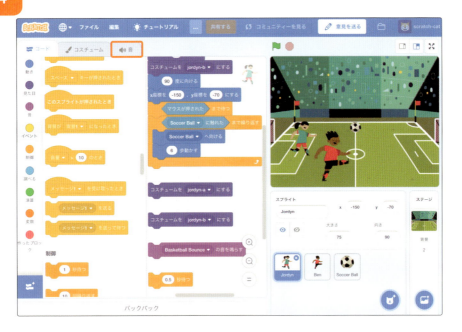

上図の4つのブロックを使って、以下のスクリプトを作ってください。

「　がボールに触れたら、キックのコスチュームを「Jordyn-a」に変更し、0.5秒経ったら「Jordyn-b」に戻す。また、キックしたときに「Basketball Bounce」の音を鳴らす」

ヒント

音データのブロックは、　音　をタップの上で、画面左下の から入手してください。

これは、僕にやらせて。ブロックは上から下に向かって実行されるから、こんな感じかな？

🚩をタップして、ちゃんとボールの方向に移動した！
あれ？　でもボールをキックできなかったよ。ボールは上下に動き続けているよ。

「ボールをキックすると、ボールが飛んでいく」というスクリプトを作っていないからだよ。

って、僕も思ったんだけどね。

蓮くんも湊くんも、プログラミングに対する理解が深まってますね。それでは、「ボールをキックすると、ボールが飛んでいく」というスクリプトを作ってみましょう。
「ボールをキックすると」は 🏃 のスクリプトで、「ボールが飛んでいく」は ⚽ のスクリプトで作りましょう。こ

の場合、がキックしたことを ⚽ に伝える必要がありますが、今回は🟡イベントカテゴリーにある「メッセージ1▼を送る」を使用します。「メッセージ1▼」部分をタップすると「新しいメッセージ／メッセージ1」が表示され、新しいメッセージ を選択すると、自分の好きなメッセージ名を付けられます。ここでは、「キック▼を送る」という名前のメッセージを作りましょう。

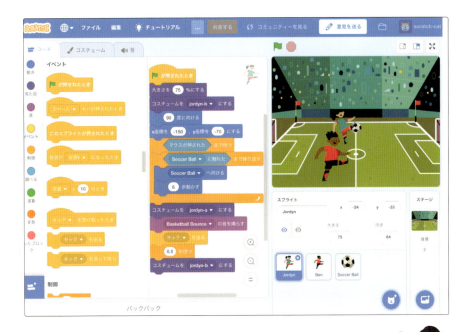

「キック▼を送る」は、上図のように「がサッカーボールに触れたら、「Basketball Bounce」の音を鳴らす」の後に連結してください。「キック▼を送る」によって送られた「キック」というメッセージを受け取るには、「キック▼を受け取ったとき」というハットブロックが必要です。この下にブロックを連結すれば、「キック」というメッセージを受け取った後に連結したブロックが実行されます。

ハットブロックとは？
スクリプトが開始するブロックのことで、スクラッチのブロックの1つです。ブロックの左上が丸い形になっていて、必ずブロックの先頭に配置されます。

今回は「止める スプライトの他のスクリプト」を連結して、

のスクリプトエリアに追加しましょう。「止める スプライトの他のスクリプト」は、●制御カテゴリーにある「止める すべて」の「すべて」部分をタップして、

から選択してください。

できた。🚩をタップした後、ステージ画面をタップして、Jordynがボールに向かって移動してキックをしたら、ボールの上下移動が止まったよ！

を実行すると、同じスプライト内の

他のスクリプトが停止します。🚩 をタップした後に実行されていた、 の上下移動するスクリプトが停止するので、サッカーボールが止まったのですね。

この後に、⚽ が右方向に移動するスクリプトを作れば、**「ボールが飛んでいく」**ようになるのかな。

先生、ヒントをお願いします。

この問題がヒントになりますか？

問題5

上図の5つのブロックを使って、以下のスクリプトを作ってください。

「⚽ が弧を描きながら、端に触れるまで右方向に飛んでいく」

やったー！ 何回か間違ったけど、できたよ！

トライアル＆エラーで、正解にたどりつきましたね。プログラミングはそれでいいんです。次は、敵キャラのスクリプトを作りましょうか。誰を敵キャラに設定しますか？

敵キャラは だよね。だって、まだスクリプトを作ってないもん。

敵キャラってことは、何か攻撃してくるのかな？

ハハハ、違うよ。ゴールされないように守るんだよ。

さすがゲーマーの大翔。

先生、また問題お願いします！

104 トライアル＆エラー
失敗を繰り返し、最終的に正解にたどり着くことです。トライ＆エラーは和製英語で、正しい英語ではありません。

問題6

上図の7つのブロックを使用して、以下のスクリプトを作ってください。

「 🏃 がサッカーグラウンドの右側エリアのどこかを1秒かけて移動し、2秒停止した後、また移動する」

グラウンドの右側のＸ座標は0より大きいはずだから 50 から 150 までの乱数 がＸ座標の引数部分に、グラウンドはステージの中心より下にあるから -150 から 0 までの乱数 がＹ座標の引数部分に連結されると思うよ。

よし、みんなで 🏃 のスクリプトを作ろう。

3時間目 「サッカーゲーム」を作ろう！

105

問題 7

上図の2つのブロックを使って、以下のスクリプトを作ってください。

「 Ben が移動するときには ben-c のコスチュームに、2秒停止しているときには ben-d のコスチュームになる」

連結されているブロックは、上から順番に実行されるよね。

 じゃあ、コスチュームブロックはここかな。

のスクリプトはできましたね。最後ににスクリプトを追加して、サッカーゲームを完成させましょう。

問題 8

上図の3つのブロックを使って、以下のスクリプトを作ってください。

「」

 3つのブロックを 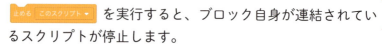 と連結すればいいと思うんだけど、どこに連結すればいいのかな。

 止める このスクリプト はどんなブロックですか。

止める このスクリプト を実行すると、ブロック自身が連結されているスクリプトが停止します。

 わかった！ ボールが右方向に移動するスクリプト部分に入れるんだよ。

 すごい、本当だ！

  が に触れたら、動きが止まった！

 サッカーゲームの完成だ！

あっ、そういえば、ゴール成功とゴール失敗の音を追加しませんか。

 えー、完成じゃないの？

3時間目 「サッカーゲーム」を作ろう！

問題9

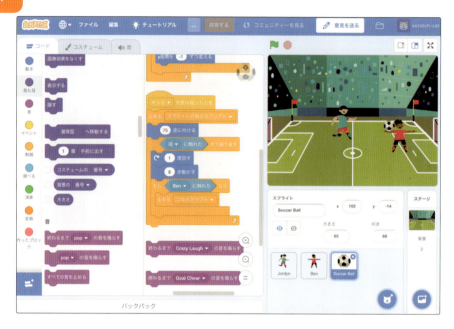

上図の2つのブロックを使って、以下のスクリプトを作ってください。

「」

がゴールを止めたときに鳴らす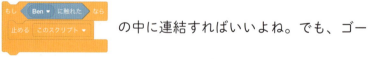

がに触れないで、ステージ端まで移動したときがゴール成功なんだから、スクリプトの一番最後に連結すればいいんじゃない。

3時間目　「サッカーゲーム」を作ろう！

そのとおり。これでサッカーゲームは完成です！
みんなでゲームをやってみましょう！

 やったー！

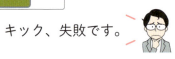
キック、失敗です。

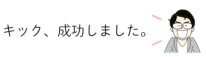
キック、成功しました。

「パズルゲーム」を作ろう！

4 時間目

ここでは、ペイントエディターの使い方を理解するのよ。

Question...
スクラッチで、絵も描ける？

 先生、こんにちは。今日も新しい友だちを連れてきたよ！

 こんにちはー。馬場結月です。

こんにちわ、結月さん。

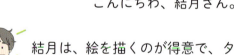 結月は、絵を描くのが得意で、タブレットで絵を描いてるんだ。

へー、いいですね。今度見せてください。

 蓮くんからスクラッチは絵も描けると聞いたんですけど、本当ですか。

114

本当ですよ。スクラッチには、プログラミングツールに珍しく、ペイントエディターが付いているんです。だから、スクラッチ1つでゲームを開発できるんです。

ゲームを作るには、ふつういくつものツールが必要なんですか。

通常は、使用する画像を、他のソフトウェアやアプリで描かなくてはなりません。

へ〜、すごいんだね、スクラッチって。早く使ってみたい！

では、スクラッチのスプライトライブラリーにある恐竜のスプライトをペイントエディターで加工して、パズルゲームを作りましょう。

イエーイ！

今日も、タブレットを使いましょう。

4時間目 「パズルゲーム」を作ろう！

Let's start!
「パズルゲーム」を作ろう！

「絵も描くぞ」と張り切る、結月さん。「絵は苦手かも」と尻込む蓮くん。果たして、柚月さんのプログラミングの腕前は？

まずは、のサムネイルにある×マークをタップして、ネコを削除してください。次に、画面右下にあるマークをタップの上、の虫メガネマークをタップしましょう。

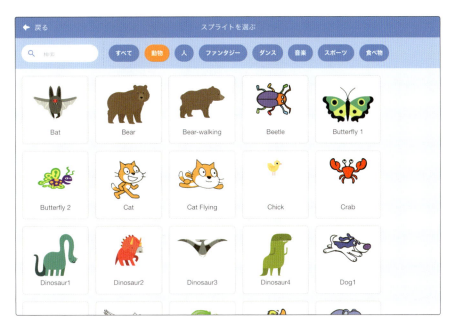

スプライトライブラリーが表示されたら、動物をタップの上で を選択してください。

恐竜さん、可愛いー！

スクラッチ3.0から、新しいスプライトがたくさん追加されました。これ以外のスプライトも、ぜひ、使ってみてください。

さて、画面右下の マークをタップの上、 の虫メガネマークをタップし、屋外カテゴリーの  という背景を選んでください。

4時間目　「パズルゲーム」を作ろう！

117

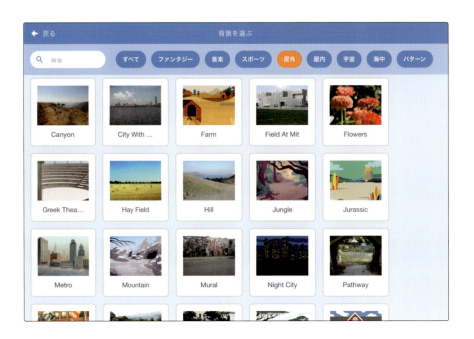

背景もめっちゃ可愛いー！

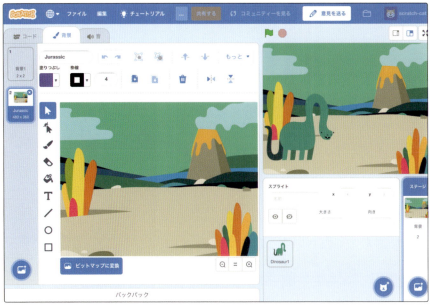

この画面がペイントエディターです。今回のパズルゲームでは、ステージの背景はそのまま使用することにして、🦕のコスチュームを加工したいと思います。ステージ下のサムネイル🦕をタップした上で、画面左上の　コスチューム　をタップしてください。

左側の画面に恐竜が現れたよ。

このキャンバス上で恐竜の形を変えたり、色を変えたりするんだ。

スクラッチって凄いね！

4時間目「パズルゲーム」を作ろう！

キャンバスとは？
ペイントエディターのコスチューム画像があるスペースです。ここで画像を描いたり、加工編集したりできます。

理由は後で説明しますが、まずはスプライト をコピーしてください。ステージ下のサムネイル を長押すれば、コピーできます。パソコンの場合は右クリックでも可能です。

というメニューが出てきたら「複製」を選択しましょう。

恐竜が2匹になりました。

コピーした恐竜「Dinosaur2」をペイントエディターで加工します。オリジナルの恐竜「Dinosaur1」は後で必要になるので、加工せずそのまま残します。それでは、ペイントエディターの使い方を説明しましょう。

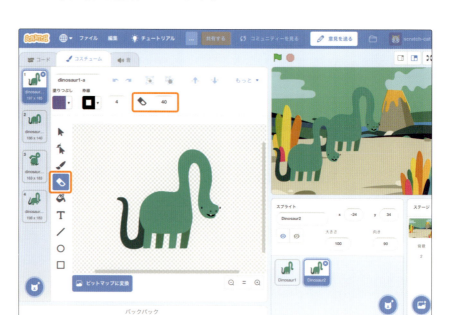

キャンバスの左側にあるツールから、消しゴムツール を選択して下さい。消しゴムのサイズは、キャンバス上の の数字をタップすれば変更できるので、「6」ぐらいに変更しておきましょう。

この消しゴムツール を使って、恐竜のパズルピースを作るんですか。

そのとおりです。よくわかりましたね。結月さんの好きなように、恐竜をパズルピースに分けてください。パズルのピース数は、4つぐらいにしましょう。

はい、わかりました。結月、一緒にやろう……。

できた！

えっ、もうできたの？

4時間目　「パズルゲーム」を作ろう！

121

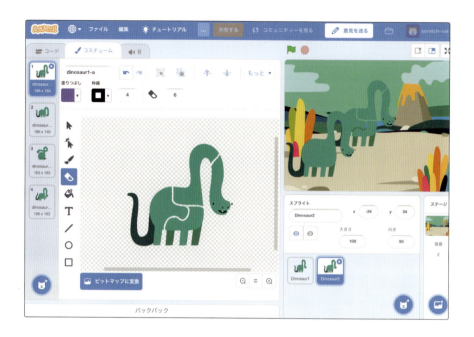

完璧です、結月さん！

ありがとうございます。

結月、す、すごいな。

でも同じスプライトに4つのパズルピースがあったら、別々に動かしたりできないよね。

▶ やっと出番が来たという感じで、得意そうな蓮

パズルピースごとに、別々のスプライトにしなければならないってこと？

重要な点によく気がつきましたね。まずは、結月さんがパズルピースに切り分けたスプライト Dinosaur2 をコピーしてください。

コピーは僕に任せて。Dinosaur2のサムネイルを長押しして

と……、何個コピーすればいいんだっけ？

3つよ。3つコピーすれば全部で4つのパズルピース用スプライトができるから。

そのとおり、3つコピーしましょう。

コピーできました！

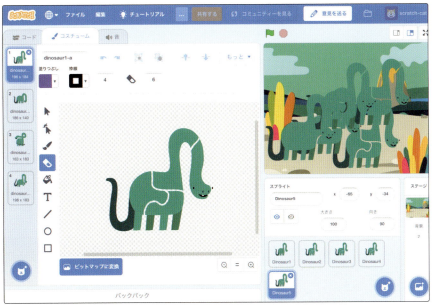

コピーだけでは、十分ではありません。

えっ？

4つのスプライトには、すべてのパズルピースが含まれているからじゃない。いらないパズルピースを削除するのよ。

説明する必要がありませんね。

結月、凄すぎるよ……。

いらないパズルピースを削除するときは、選択ツール を選んだあと、いらないパズルピースをタップして選択し、キャンバス上の ボタンをタップして削除してください。キャンバス上のパズルピースがない場所をタップして、そのまま画面から指を放さずに画面上をドラッグすると、点線の枠が現れます。この点線の枠で、削除したいパズルピースを複数選択して、削除できます。

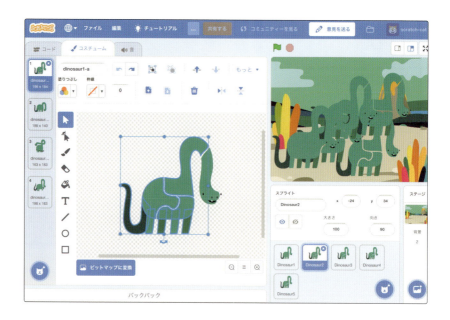

 できました！

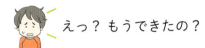 えっ？ もうできたの？

 Dinosaur2　 Dinosaur3　 Dinosaur4　 Dinosaur5

上図のパズルピース画像は、キャンバスの中心からずれていますが、このまま動かさないでください。パズルピース画像を移動して、キャンバス内の中心の位置をずらしてしまうと、この後に作るスクリプトが正しく動かなくなってしまいます。今回はこのままにしてください。

 わかりました。

それでは、プログラミングを始めましょう。まずは、恐竜の形のまま加工しなかった、スプライト「Dinasaur1」のスクリプトを作ってください。ステージ下のサムネイル をタップした上で、画面左上の をタップしてください。

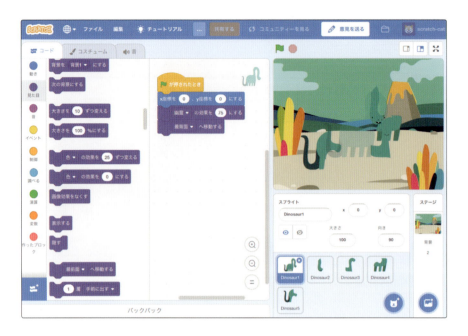

上図のようにブロックを連結します。このスクリプトによって、をタップすると、「Dinasaur1」はステージの中心（X座標＝0、Y座標＝0）へ移動し、見た目が透明になり、他のスプライトより背面のレイヤへ移動します。

本当だ。恐竜がステージの真ん中に移動して、色が透明になった。　ブロックが、恐竜を透明にするんだ。

　の数字部分をタップすると、数字を変更できます。100にすると恐竜がまったく見えなくなり、0にすると元の恐竜に戻ります。

　ブロックで、ステージ上の恐竜の位置を変えられるんだよ。

そうなんだ。0という数字を変えるのね。

そのとおりです。次は、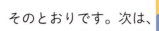をパズルピースの
スプライト   に追加してください。

 は、 の  をタップし、

から Dinosaur1 を選択すると作れます。

Dinosaur1は、さっき透明にした だよね。

そうだよ。

を実行したら、パズルピース
たちが、 に移動するってことかな。

えっ……。そ、そうかもね。

蓮くん、🏁をタップしてみて。

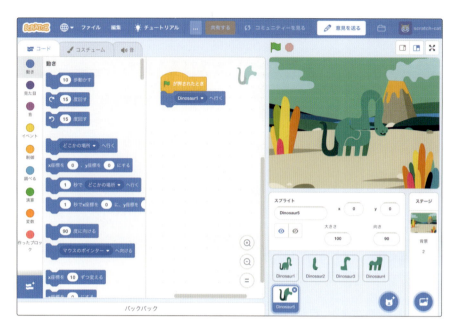

 本当だ！ 結月の言うとおりだ！

 やったー。

結月さん、よくわかりましたね。 たちが、

 の中心に移動することなく、恐竜の形になる位置へ移動したのはなぜだと思いますか。

 を実行すると  の中心の位置に移動する

はずだから、 のようになっても不思議ない

んだけどな。

もしかしたら、パズルピースをペイントエディターで作ったとき、先生が「パズルピース画像は、キャンバスの中心からずれていますが、このままの状態にして動かさないでください」と言ったのと関係があるんじゃないですか。

二人ともいい点に気づきました。 を実行すると、パズルピースは の中心に移動します。しかし、

4時間目 「パズルゲーム」を作ろう！

129

から切り取って作ったパズルピースである Dinosaru2、3、4は移動させていないので、パズルピースの中心位置が下図のように画像ではない場所になっています。

そのため、パズルピースの中心と の中心が一致すれば、恐竜の形になるのです。

問題1

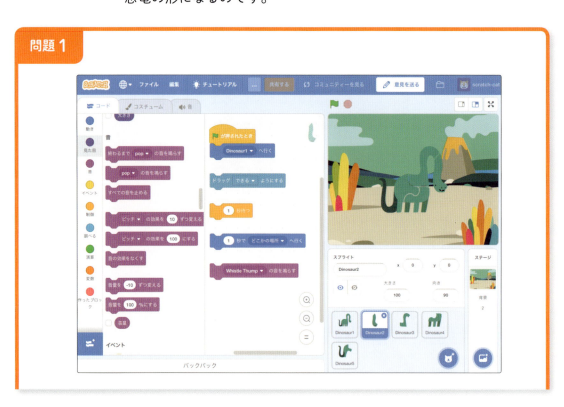

🚩をタップするとパズルピースが🦕に移動するスクリプトの下に、左図の4つのブロックを使って以下のスクリプトを🦕のスクリプトエリアに作ってください。

「1秒たったら、「Whistle Thump」という音を鳴らしながら、ステージ上のランダムな場所に移動する」

ヒント

は、問題1の動作には関係ありませんが、ステージ右上の ⛶ をタップしてフルスクリーンモードにしたとき、スプライトをドラッグできるようにするブロックです。フルスクリーンモードでパズルゲームをするときに、必要なので追加してください。

👧 スクラッチって、音も鳴らせるの？ すごーい！

👦 音データは、画面左上にある 🔊音 をタップの上、画面左下の 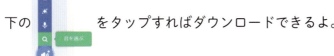 をタップすればダウンロードできるよ。

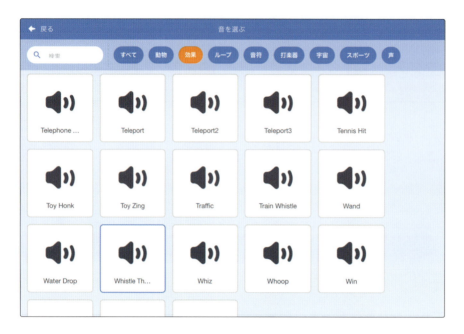

たくさんあって、「Whistle Thump」を見つけるのも大変。でも、好きな音を選べるのね。

自分の声を録音して、使うこともできるよ。

スクラッチってホント、面白いね！

ところで、問題の答えはこれかな。

今回の問題はそれほど難しくないですね。注意が必要なのは、とに連結する順番です。連結されているブロックは上から下に順番に実行されるので、の下にを連結すると、パズルピースが1秒かけてステージ上のどこかに移動した後、「Whistle Thump」の音が鳴ってしまいます。

このスクリプトは、他のパズルピースにも同じように追加する必要がありますよね。

はい、追加してください。追加するスクリプトはのすべてです。音データも、それぞれのスクリプトについて追加する必要があります。

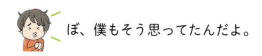 ぼ、僕もそう思ってたんだよ。

問題2

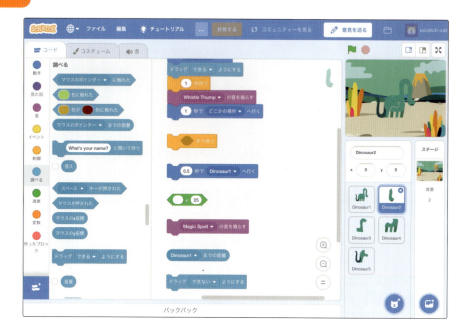

🚩をタップしてパズルピースが 🦕 に移動して1秒後にステージ上の「どこか」に移動するスクリプトの下に、上図の6つのブロックを使って、以下のスクリプトを 🦕 のスクリプトエリアに作ってください。

「パズルピースと 🦕 の距離が25ピクセルより小さくなったら、0.5秒でパズルピースが 🦕 に移動して、「Magic Spell」の音を鳴らす」

ヒント

の下にを追加して下さい。このブロックを実行すると、フルスクリーンモードのときはドラッグできなくなります。つまり、パズルピースが正しい位置に移動したら、ドラッグ＆ドロップで動かせないようになるわけです。

 いろんな形のブロックが出てきたね。

 ブロックのなかにブロックを連結できるんだよ。たとえば、 の六角形の部分に を入れれば、 というブロックが作れる。

 面白ーい。じゃあ、の のなかには楕円形の が入るのかな。

結月は、どんどん理解していくなあ。

になった！

 は、 までの距離 の

マウスのポインター 部分をタップして、 から

Dinosaur1 を選択すれば作れます。

135

この 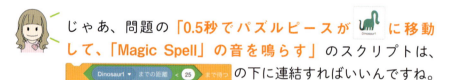 は、Dinosaur1までの距離が25より小さくなるまで待つというブロックだから、問題の「パズルピースと の距離が25ピクセルよりも小さくなったら」が設定できたことなるんじゃないかな。

そのとおりです。 まで待つ は六角形の部分に連結された条件が成立するまで、スクリプトの実行を停止するブロックです。つまり、 の条件が成立したら、 の下に連結されたブロックの実行が再開されることになります。

じゃあ、問題の「0.5秒でパズルピースが に移動して、「Magic Spell」の音を鳴らす」のスクリプトは、 の下に連結すればいいんですね。

正解！

つまり、これが正解のスクリプトですか。

136

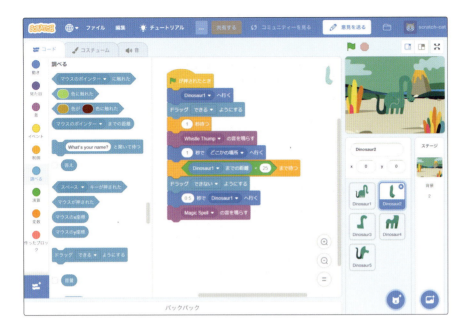

蓮くん、結月さん、よくできました。他のパズルピースについても同じスクリプトと音データ

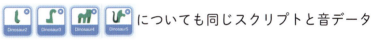

を追加すれば完成です。

やったー！

ステージ右上の をクリックし、フルスクリーンモードで、実際にゲームをやってみましょう。

🚩 をタップすると、Dinosaur1に集まったパズルピースがランダムな場所に移動します。

ドラッグ＆ドロップでパズルピースを恐竜の形にすればゲームクリアです！

「音ゲーム」を作ろう！

5時間目

ここでは、キャラクターを音で動かす方法を学びます。

Question...
クリプトも、ゲームできるの？

 先生、こんにちは。今日もよろしくお願いします。

 こんにちは。こいつはクリプトです。

 ワン！

 こんにちは。クリプトも一緒に授業に参加しますか。

 おとなしいので教室に入れてもいいですか。足も、ちゃんと洗います。

 では、一緒にどうぞ。

 今日はどんなプログラムを作ろう？

タブレットやパソコンのマイク機能を使ったゲームはどうですか。

え？　音声を使って、ゲームができるんですか。

高度なことはできませんけど、スクラッチを使えばマイクからの音の大きさを測定できます。

音量測定だけでも、ゲームが作れそうだよね。

ワン！

クリプトも興味あるの？

クリプトでもできるゲームが作れるかもしれませんよ。

えー、まさかー。

ワン！ワン！（蓮に向かって吠える）

クリプト、蓮に文句があるみたい（笑）

今日もタブレットでゲームを作ってみましょう。

5時間目　「音ゲーム」を作ろう！

Let's start！
「音ゲーム」を作ろう！

今日は大翔くんの飼い犬であるクリプトも一緒に、プログラミング教室に参加することになりました。クリプトでも遊べるゲームはできるのでしょうか。

まずは、のサムネイルにある×マークをタップして、ネコを削除してください。次に、画面右下にあるマークをタップの上、の虫メガネマークをタップしましょう。

スプライトライブラリーが表示されたら、動物をタップの上で  を選択してください。

 できました。

次は、画面右下の マークをタップの上、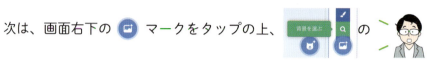 の

虫メガネマークをタップして、屋外カテゴリーの

という背景を選んでください。

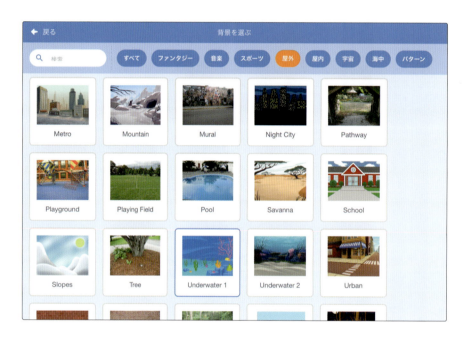

 わあ、今日は海のなかだ！

 ワン！

 クリプトも、喜んでるみたい。

 本当かな？

ワン！ワン！（蓮に向かって吠える）

 ご、ごめん、ごめん。

 クリプト、やめて！

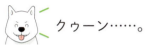 クゥーン……。

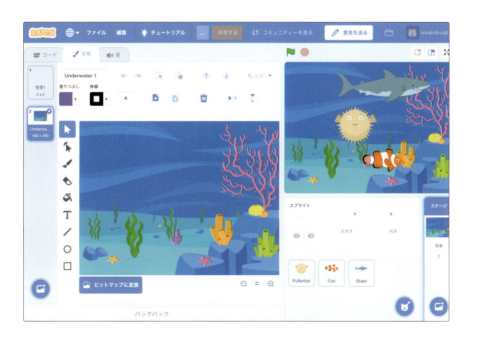

ハリセンボン が、マイキャラです。ハリセンボンのプログラミングから始めましょう。

問題 1

🚩 をタップした後にステージの中心に瞬間移動するスクリプトの下に、上図の6つのブロックを使って、次のスクリプトを作って入れてください。

「 Pufferfish が左方向に移動し続け、X 座標が -240 よりも小さくなったら、X 座標＝240 の位置に瞬間移動し、その後も左方向への移動を続ける」

X 座標は横、Y 座標は縦だから、 x座標を -1 ずつ変える を実行すると、ハリセンボンは横方向に移動するよね。

うん。X 座標を -1 ずつだからそうだね。

「左方向に移動し続け」だから、のなかに

を連結して、にしよう。

「X座標が-240より小さくなったら」は、と

と のブロックを連結して、にした

らどうかな。

それで合ってると思う。で、このブロックのなかに
を連結するわけだね。

難しそうだったけど、一つひとつ考えながらやったらできた！

ワン！

もしかして、クリプトも喜んだのかな

プログラムが完成したら、🏳 をタップして正しく動くかを確認してください。

 やったー！ちゃんと動いた！

  がステージの左端まで移動したら、ステージの右端に

瞬間移動したね。

 ワン！ワン！

問題2

上図の4つのブロックを使って以下のスクリプトを作ってください。

「 が上下に移動しながら左方向に移動する」

5時間目 「音ゲーム」を作ろう！

 連結するブロックに が押されたとき があるんだけど何だろう？

 もしかして、ひっかけ問題なんじゃない？

 スプライトを上下に移動させるには、Y座標を変えればいい

から、とをさっき作ったスクリプトのなかに連結すればいいはずだよ。

とが余ったけど、気にしなくていいか。先生、できました！

今回も、🚩をタップして正しく動くかを確認してください。

が上下にしか動かなくなっちゃたよ。

正しく動かない理由は、同じのなかに、

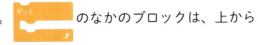と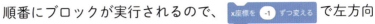を連結して

しまったからです。のなかのブロックは、上から

順番にブロックが実行されるので、で左方向

に1ピクセル移動した後、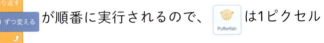が実行され、次に

が順番に実行されるので、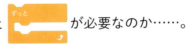は1ピクセル

左に移動した後、下方向に -1 × 25回 ＝ -25ピクセル移動し、次に上方向に 1 × 25回 ＝ 25ピクセル移動する動作を繰り返します。しかも横方向の動きは、上下方向の動きと比較して小さいため、上下にしか移動していないように見えるのです。

やっぱり、とが必要なのか……。

ワン！

これが【問題2】の正解スクリプトです。🚩 をタップしてみてください。

5時間目　「音ゲーム」を作ろう！

151

ちゃんと動いた！

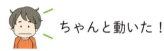 は2つ使ってもいいんだ。

そうです。 を2つ使用した場合、それぞれのスクリプトが同時に実行されます。

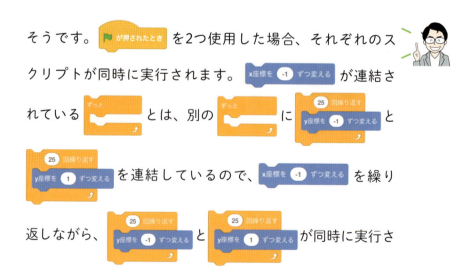

れ、は左方向に移動しながら上下方向にも移動するようになります。

複数のスクリプトを同時に動かしたいときは、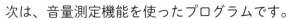が押されたときを複数使って、それぞれの ▶ が押されたとき の下にスクリプト連結すればいいわけだ。

そうです。プログラミングにおいて、こうした処理は並列処理と呼ばれます。一方、蓮くんや大翔くんが最初に間違って作ったプログラムは、直列処理です。
次は、音量測定機能を使ったプログラムです。

やったー！

ワン！

さきほど、スクラッチでは、マイクで検知した音の大きさを認識できると説明しました。その音の大きさを返す値ブロックが ●調べるカテゴリーの です。 は0〜100の数値で音の大きさを表示します。

●音カテゴリーの とは別物なので注意してください。

 は、スプライトや背景などが再生する音データの音量を設定するときに使います。

並列処理と直列処理とは？
並列処理とは複数の仕事（ジョブ）を同時に行う処理、直接処理とは複数の仕事（ジョブ）を順番に一つひとつ行う処理です。

153

タブレットやパソコンのマイク近くで大声を出すと、の値が大きくなるんだね。

ブロックパレットの ☑ 音量 にチェックを入れると、ステージ上にステージモニター 音量 1 が表示されます。実際、音量がどのように変わるか試してください。

ワン！

ハハハ、クリプトの鳴き声で音量が大きくなった！

問題3

上図右側の8個のブロックを使って、以下のスクリプトを作ってください。

「タブレットやパソコンのマイク機能で検知した音量が10よりも大きければ、ハリセンボンの大きさを1ずつ大きくし、音量が10以下ならば100の大きさになるまで -1ずつ小さくする」

 ブロックがたくさんあって難しそうだけど、さっきと同じように一つずつ考えればできるはずだよ。

「マイクの音の大きさが10よりも大きければ、ハリセンボンを1ずつ大きくする」は、とと

を連結して、にすればいいのかな。

 そうだね。でも、「音量が10以下ならば」は、どのブロックを使えばいいのかな？ それっぽいブロックが、ヒントのブロックにないよ。

 あっ、もしかしてブロックを使うのかな？

 そうだよ！「でなければ」の部分にを

追加してにすれば、でないときは

155

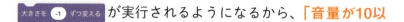が実行されるようになるから、「音量が10以下ならば」という真偽ブロックは必要なくなるよね。

「100の大きさになるまで -1ずつ小さくする」は、とが関係していると思うけど……。

ではヒントです。「100の大きさになるまで -1ずつ小さくする」は、「大きさが100以上であれば大きさを -1ずつ小さくする」と同じ意味になりますよ。

そうか、とを連結してにすれば、の大きさが100以上のときだけ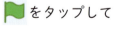が実行され、「100の大きさになるまで -1ずつ小さくなる」ようになるんだ！

これが【問題3】の正解スクリプトです。をタップしてみてください。

 ワン！ワン！ワン！

 クリプトが吠えたら が大きくなった！

 ハハハ、面白いね。

ハハハ、クリプト、ナイスな働きです。

 静かにすると、 は小さくなったね。

次は、 のプログラムを作りましょう。

  はい！

 ワン！

問題 4

🚩 をタップした後、90度（右）の方向に向き、X座標 = -240、Y座標 = -120に瞬間移動するスクリプトの下に、上図の5つのブロックを使って、次のスクリプトを作ってください。

「 が右方向に移動し続け、X座標が240よりも大きくなったら、X座標 = -240の位置に瞬間移動し、その後も右方向の移動を続ける」

 の左方向の動きに似ているね。

Pufferfish は左方向だけど、Fish は逆の右方向に動くスクリプトを作ればいいんだよね。

正解です。🚩をタップするとFishは右方向に移動し、右端まで移動したら左端に瞬間移動し、右方向への移動を続けます。

画面左上の コスチューム をタップしてください。のコスチュームは、次ページの図のように4種類あります。を選択すると、ステージ下のサムネイルも変わります。

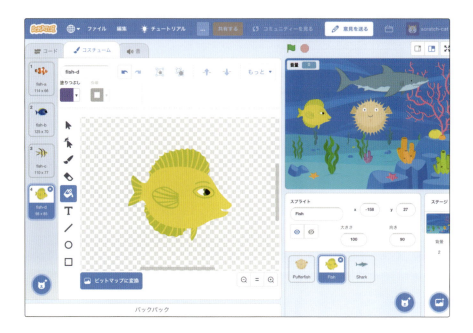

問題 5

左図の7つのブロックを使用して、以下のスクリプトを作ってください。

「が右方向へ移動中にに触れたら、姿が消えて「Jump」という音が鳴り、X座標＝－240へ瞬間移動する。その後、コスチュームが変わり、右方向への移動を続ける」

の名前はPufferfishだから、はに触れたらという意味のブロックだよね。つまり、もしに触れたらは、とを連結するんじゃない。

そうだね。あとはのなかに、残りのブロックを順番に連結していけばいいはずだ。

ワン！

スクリプトが完成したら、をタップして実行してください。

  がマイクで拾った音量で大きくなって、 が

に触れたら、「Jump」の音を鳴らして消えたよ。

 やったね！

 ワン！

素晴らしい、正解です。最後はサメのプログラムを作りましょう。

問題6

🚩をタップした後、90度（右）の方向に向き、X座標＝-150、Y座標＝125に瞬間移動するスクリプトの下に、上図の9つのブロックを使って、次のスクリプトを作ってください。

「🦈が右方向に移動し続け、X座標が240よりも大きくなったら、X座標＝-240の位置に瞬間移動し、その後も右方向の移動を続け、もしもに触れたら「Dun Dun Dunnn」という音を鳴らし、すべてを停止する」

のスクリプトに似ているかな。

そうだね。違いは、に触れたらすべてを停止する点ぐらいかも。

のスクリプトを参考に、のスクリプトを作ってみよう。

あっさり、できたよ！

ワン！ワン！

のスクリプトを参考するのはさすがです。では、をタップしてプログラムを実行してみましょう。

ハリセンボンがサメに触れたら、プログラムがストップしたよ。

プログラムが正しかったということだね。

ハリセンボン音ゲーム完成ですね。2人とも、よくできました。みんなを楽しませてくれたクリプトもよかったですよ。

ワオーン！

タブレットに向かって声を出すとハリセンボンが大きくなって、魚に触れると魚が消えました。

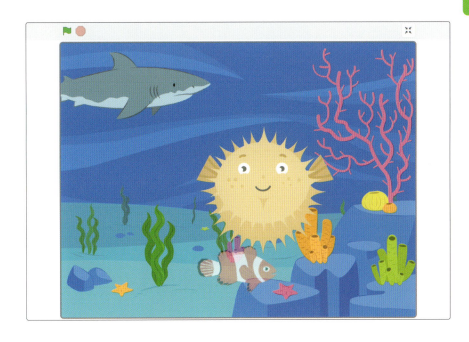

ハリセンボンがサメに触れると、すべてのスクリプトが停止しゲームオーバーです！

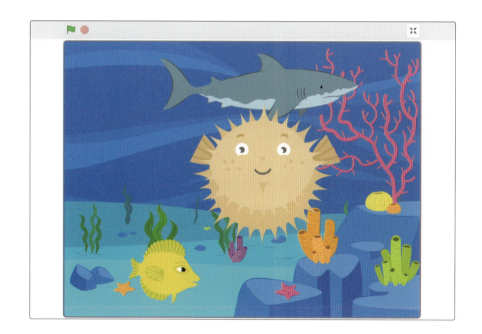

6時間目 「モグラたたきゲーム」を作ろう！

ここでは、カスタムブロックの使い方を理解するよ。

Question
プログラミングで、…
友情が生まれる？

　先生、こんにちは。

　あれ、湊くんと結月さんも友だちになったのですか。

　はい、最近、一緒にプログラミングしてます。

　プログラミングを通じて友情が生まれるとはうれしいですね。

　一緒にプログラミングしてたら、自然と仲良くなれたんです。

結月さんも来たので、今日はパソコンを使って、プログラミングしてみましょうか。

パソコンでもできるんですか？

実は、スクラッチ2.0までパソコンでしかプログラミングできなかったんだ。タブレットでもプログラミングできるようになったのは、スクラッチ3.0からなんだよ。

へー、そうなんだ。

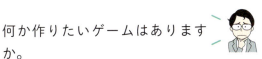何か作りたいゲームはありますか。

モグラたたきゲームが作りたいんですけど……。僕、ゲームをあまりやったことがなくて。でも、家族で温泉に行ったときにやったモグラたたきゲームが、とても楽しかったんです。

いいね、今日はそれを作ろう！

6時間目 「モグラたたきゲーム」を作ろう！

169

Let's start!
「モグラたたきゲーム」を作ろう！

↑パソコン版のスクラッチを実際に使ってみる結月さん。うしろから操作方法を説明している湊くん。久楽さんはじっと説明を聞いています。

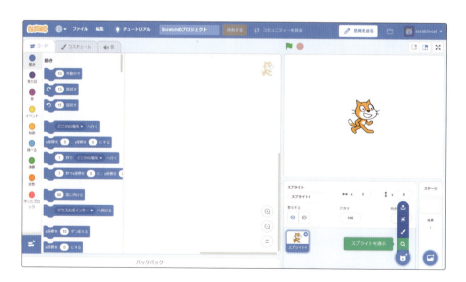

170

まずは、ネコのサムネイルにある×マークをクリックしましょう。削除できたら、マークをクリックの上、

の虫メガネマークをクリックしてください。

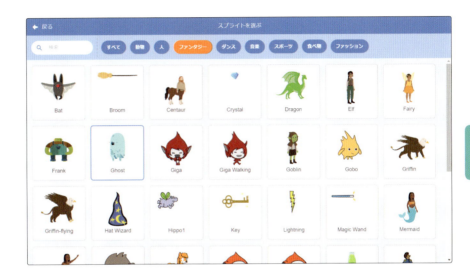

スプライトライブラリーが表示されるので、ファンタジーをクリックの上で、 を選びます。

可愛いお化けが現れたぁ。

6時間目 「モグラたたきゲーム」を作ろう！

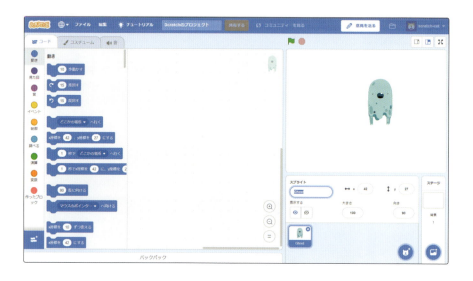

 スクリプトを作る前に、画面左上の をクリックしてください。

 コスチュームが4種類、あるよ。

の4つですね。

みんな可愛いから、全部のコスチューム、使いたーい。

それでは、なるべく多くのコスチュームが使えるようにしましょうか。画面右下の マークをクリックした上で、

 の虫メガネマークをクリックし、 という

背景を選んでください。

背景もイケてるわ！

モグラたたきゲームにピッタリだ。

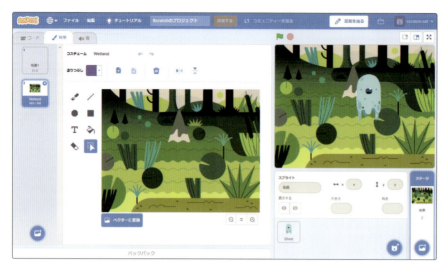

ステージ下の サムネイルをクリックして スプライトを選択し、コードをクリックしてプログラミングを始めましょうか。

ブロックエリア、スクリプトエリア、ステージが表示されました。

問題1

🚩 をクリックした後、大きさを35%にし、コスチュームを ghost-a にし、X座標＝0、Y座標＝0に瞬間移動するスクリプトの下に、上図の7つのブロックを使って、次のスクリプトを作ってください。

「 が上方向にY座標1 x 5回（5ピクセル）移動してから0.5秒停止し、その後、下方向にY座標-1 x 5回（5ピクセル）移動してから0.5秒停止する動作を繰り返す。ただし、 が上方向に移動しているときはghost-a、下方向に移動しているときは ghost-b のコスチュームになる」

 このブロック、前にも使ったことがあるよね。

そうだね。まずは、問題を一つひとつ順番に考えていこう。
「上方向にY座標1 x 5回（5ピクセル）移動してから0.5秒停止し」は、 かな。

 「上方向に移動しているときはghost-a のコスチューム」だから、このブロックの先頭に コスチュームを ghost-a にする を追加するといいんじゃない。

 「下方向」の動きは、Y座標をマイナス方向に移動する y座標を -1 ずつ変える のブロックだけ変えればいいよね。

 「下方向に移動しているときはghost-b のコスチューム」だから コスチュームを ghost-b にする も必要になるわ。

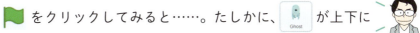 をクリックしてみると……。たしかに、 が上下に移動して、上方向に移動するときは ghost-a に、下方向に移動するときは ghost-b に変わりましたね。

問題 2

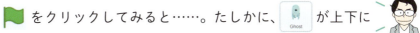 をクリックした後、Ghost が5ピクセルずつ上下移動するスクリプトの下に、上図の5つのブロックを使って、次のスクリプトを作ってください。

「Ghost が5ピクセルずつの上下動を1〜5回繰り返した後に、コスチュームを ghost-c に変更し、Y座標1 x 25回（25ピクセル）ずつ大きく上下動する。なお、このスクリプトは、［ずっと］のなかに追加する」

「が1〜5回を繰り返した」は、

と  を連結した  のなかに、

さっき作った を入れればいいんじゃないかな。

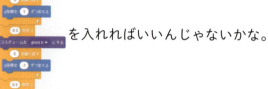

そうね。で、そのブロックの下に「**コスチュームを ghost-c にして Y 座標1 x 25回（25ピクセル）ずつ大きく上下移動する**」というブロック追加すれば、小さな上下動を1〜5回繰り返した後、上下に大きく動くと思うわ。

つまり、こういうことか。少し縦長のスクリプトになったけど、🚩をクリックしてみよう。

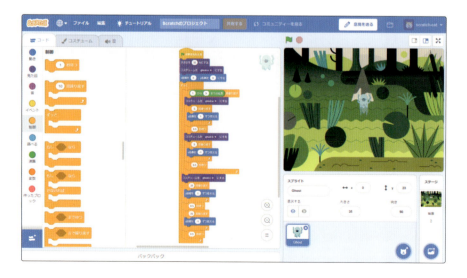

すばらしい、正解です。小さい上下動を1〜5回繰り返した後、上下に大きく動くようになりましたね。次は、カスタムブロックを作ってスクリプトを見やすくしましょう。

● カテゴリの をクリックして、カスタムブロックを作ります。 を2回クリックして、カスタムブロックの引数を2つ追加してください。引数の名前は変更できるので  を に変えてから OK ボタンを押しましょう。

ブロックパレットにカスタムブロック 、スクリプトエリアに定義ブロック が追加されるはずです。ブロック名も自分の好きな名前に変更できますが、今回はそのまま使います。

ここで、先ほど作った縦長のスクリプトに戻りましょう。スクリプトを見ると繰返し回数とY座標の値は違うものの、

のブロックが繰返し使用されているのがわかるはずです。この繰返し使用されているブロックを定義ブロッ

ク  の下に連結して、 にした後、

回数 と Y座標 をドラッグ＆ドロップで の位置に移動します。

そして、カスタムブロック ブロック名 の引数部分を

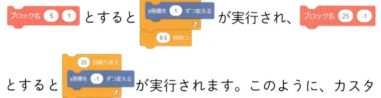 とすると が実行され、

とすると が実行されます。このように、カスタムブロックを使用すると、スクリプトを見やすく変更できるのです。

たしかに、スクリプトが短くなって、見やすくなった！

 カスタムブロックを使えば、自分のオリジナルブロックが作れるのね。

 繰返し使うブロックは、カスタムブロックにするといいってことだ。

問題3

上図の5つのブロックを使って、以下のスクリプトを作ってください。

「がのコスチュームになって大きく上下動しているときに、マウスでクリックすると、のコスチュームになる」

って何だろう？

もしかしたら  の左上にある番号のことじゃない？

そのとおりです。

コスチューム名だけじゃなく、番号でもコスチュームを指定できるんですね。

 のコスチューム番号は3なので、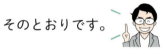 と を連結して、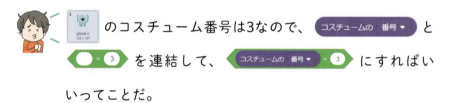 にすればいいってことだ。

そうね。それさえわかれば、正解のスクリプトはそれほど難しくないわ。これが正解じゃない。

本当だ！ 🚩 をクリックすると、 が のコスチュームになって、大きく上下動しているときに、マウスでクリックしたら のコスチュームになった。

問題4

以下のスクリプトを作ってください。

「 が のコスチュームになって大きく上下動しているときに の音を鳴らし、そのときにマウスでクリックすると、 の音が鳴る」

 のスクリプトを理解していれば、この問題も簡単だよ。

  が大きく上下動するスクリプトの上に を追加し、 をクリックしたときにコスチュームが だったらコスチュームを にするスクリプトの上に を追加すればいいんだよね。

 🚩 をクリックしてみよう。

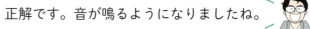 正解です。音が鳴るようになりましたね。

 でも、が土に隠れないと、モグラたたきゲームっぽくないような……。

 たしかに、そうだね。たとえば、背景の後ろにを隠せないのかな？

残念ながら、スクラッチでは、スプライトを背景の後ろに置くことはできません。

 だったら、土のスプライトを作ってが隠れられられるようにすればいいんじゃない。

 相変わらず、プログラミング教室での結月は冴えてるなぁ。

 私はいつでも、冴えてます！

土のスプライト、作ってもいいですか。

 もちろんです。どんどん、自分たちで考えて実行してください。間違うのは、必ずしも悪いことではありません。それに、プログラミングの場合、間違ってもすぐに直せます。間違いを恐れて、自分で考えたり、チャレンジしたりしないほうが問題です。

 プログラミングの考え方って、僕にぴったりだなあ。

 土のスプライトは、の筆マークをクリックして、自分たちで描こうよ。

  をクリックして、

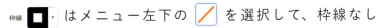

から茶色系の色を選択しよう。その上で、枠線はメニュー左下の を選択して、枠線なし にすればいいのよね。

 円ツール を選択して、キャンバス上をドラッグして、こんな感じの楕円を作ればいいんじゃない？

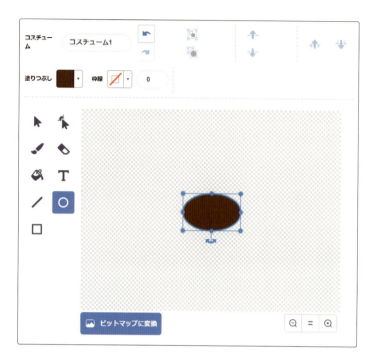

えー、これだと土に見えないよ。形を変えるツールの を選択して、楕円形に変えよう。

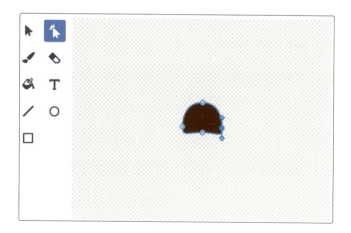

さすが結月さん、土がかわいくなったね。

で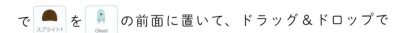の前面に置いて、ドラッグ＆ドロップで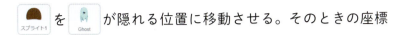が隠れる位置に移動させる。そのときの座標位置 を連結して、 をクリックする……と。お、モグラたたきゲームっぽくなったぞ！

自分たちだけで考えて、土のスプライトを作るとはすばらしい。

もっとと がほしいね。コピーして増やそうよ。

で自分自身のクローンを作ることもできますが、今回はコピーで増やしましょう。

ステージ下の や を右クリック（タブレットの場合

クローンとは？
スプライトが作った自分の「分身＝コピー」のことです。

は長押し）すると、と表示されるので、

を選べばコピー完成だね。コスチュームだけでなく、スクリプトもコピーされるから簡単だ。

でも、ステージ上の位置、X座標とY座標は変えないと。

そ、そうだよ。

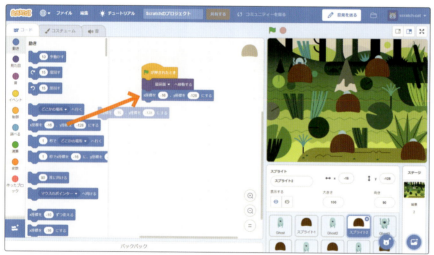

スプライトをドラッグ＆ドロップで移動させると、そのときの座標がブロックパレット内で のように変更されるから、それをそのまま使えばいいんじゃない。

そうなんだ！　すごーい！

188

僕は、知ってたけどね。

が小さく上下に動いているときに、の頭だけが見える位置にを移動しよう。

その位置なら、のコスチュームになって大きく上下移動するとき、身体が半分以上見えるから完璧だ。

を5個、を5個くらい作れば、十分かな。

早くやりたいから、ここらで完成させよう。

もう、蓮くんらしいわね。

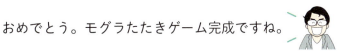おめでとう。モグラたたきゲーム完成ですね。

やったー！

みんなでやってみよう！

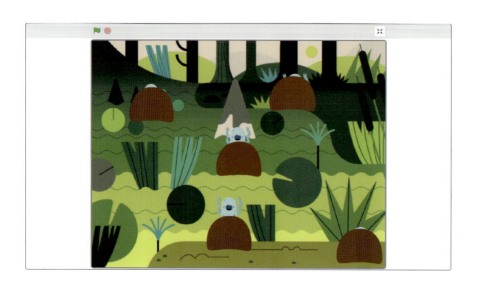

 から飛び出した をクリック！

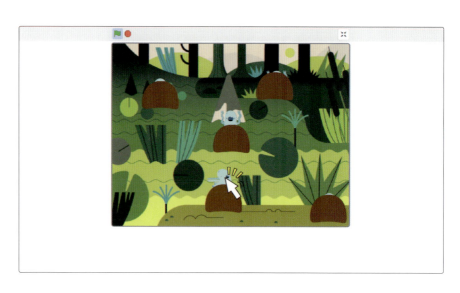

クリックに成功すると、 のコスチュームになりました！

「間違い探しゲーム」を作ろう！

7時間目

ここでは、クローンの使い方を学びます。

Question...
クローンって なんですか？

 先生、こんにちはっ。
はーはーはー

 こんにちは。二人とも何を慌てているんですか。

 結月と話してたら、前回の授業で出てきた「クローン」が気になるね、という話になって。

 早く確かめよう、ってことになったら、つい駆け足に。で、「クローン」って、いったい何ですか？

スクラッチにおけるクローンは、スプライトが作った自分の分身（コピー）です。

前回、モグラたたきゲームで、とをコピーしたけど、あれはクローンを使ってもよかったってこと？

実は、そのとおりなのです。ということで、今日はクローンを使った間違い探しゲームを作ってみましょうか。

クローンって何？　僕も一緒に作りたい。

はじめまして。わたし、結月といいます。

こ、こんにちは。僕、大翔です。よろしく。

また、仲間が増えましたね（ニコニコ）。

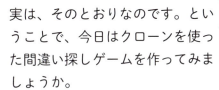

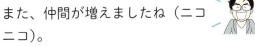

Let's start！
「間違い探しゲーム」を作ろう！

「自分で自分の分身を作るなんて、SF みたいだな」と湊くん。「でも、本当に分身があらわれたら、おどろくだろうな〜」とつぶやく結月さん。

いつものように、 のサムネイルにある×マークをタップしてネコを削除し、画面右下にある マークをタップの上、 の虫メガネマークをタップしてください。

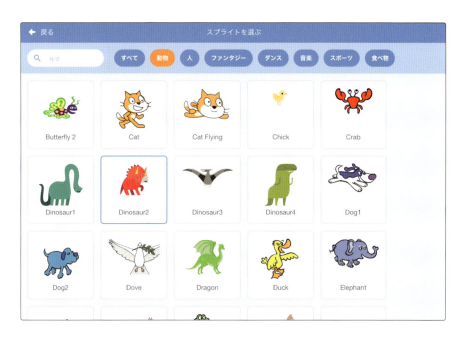

スプライトライブラリーが表示されたら、動物をタップしてを選択しましょう。次に、画面右下のマークをタップの上で、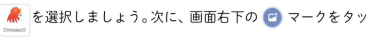の虫メガネマークをタップし、屋外カテゴリーのという背景を選んでください。

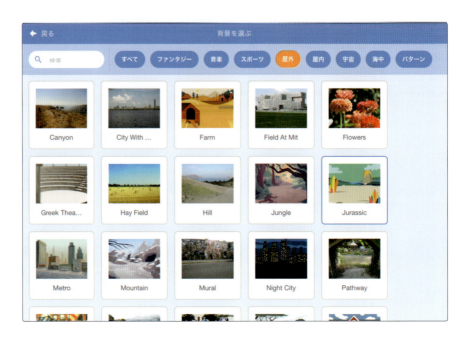

ピンクの恐竜も、すごく可愛い。

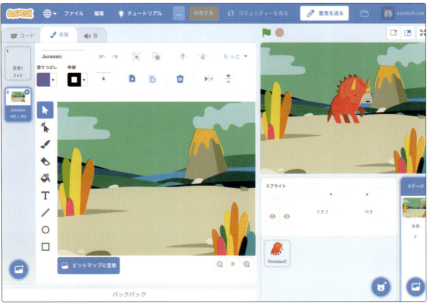

画面左上のスクリプトを作る前に、ステージ下の を
タップの上で、 をタップしましょう。

コスチュームが4種類あったよ。

の4つですね。それぞれ、見た目が

少しずつ違います。

今回も、全部のコスチュームを使いたいな。

わかりました。やってみましょう。 をタップの後、
下図のように、大きさを50％、向きを90度（右向き）に変
更し、X座標＝-200、Y座標＝0にするスクリプトの下に、

自分自身 のクローンを作る を追加してください。スクリプトが完成したら、🚩 をタップしてスクリプトを実行します。

何も変わらないよ。

それでは、 の下に x座標を 100 ずつ変える を連結した上で、🚩 をタップしてください。

 が2匹になった！

どちらかの  がクローンだ。

左側の がクローンです。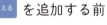 を追加する前に何も変化しなかったのは、実は、本物の とクローンの が同じ位置で重なっていたためです。 を実行したことで本物の が右側に移動し、ステージ上に2つの が現れたように見えたのです。

そうだったんだあ！

次は、 を で囲んだ上で、🚩 をタップしましょう。

が5匹現れた。

5回繰り返しているから、クローン5匹と本物1匹の計6匹のはずなんだけど……。

右端にお尻だけ見えているがある。あれが、本物じゃない？

大翔くん、よく見ていますね。そのとおりですよ。

問題1

🚩をタップすると のクローンをX軸方向に5匹作るスクリプトの下に、上図の3つのブロックを使って、以下のスクリプトを作ってください。

「X座標とY座標の位置をずらして合計15匹の クローンを作る。ただし、クローン同士は重ならないように、ステージ上に表示する」

 スクリプトでクローンが5匹できるから、

でも、X座標を変えないとクローンがステージ外に出てしまうし、Y座標も変えないとクローン同士が重なるわ。

そ、そうだよ。

結月さんってすごいんだね。

そんなことないと思うけど……。って、スクリプトができたわ。

え？　早っ。じゃあ、🚩をタップしてみよう。

すごい！　15匹のクローンがステージ上に現れたよ！

よくできました。本物の はどれですか？

僕が見つけるよ。えーと…いた！ステージ左下に頭が出てる が本物だよ！

そのとおりですね。

頭しか出てないなら、見せる必要ないよね。

結月さん、相変わらず鋭いですね。クローンを15匹作ったら、本物の は ブロックでステージ上から見えないようにしましょう。

 はスクリプトの一番下に追加すればいいのかな。やってみよう。

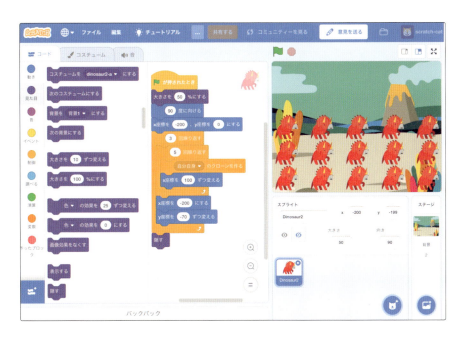

をタップしたら……と、あ、ステージ左下の本物 が消えてる。やったー！

を連結した位置が正しかったようですね。では、もう一度 をタップしてみてください。

あれ？　今度は何も表示されない……。

を実行すると、表示するを実行しない限り、スプライトは隠れたままになります。本物の が隠れた状態なので、クローンも姿を消して、ステージ上に何も現れないのです。

隠すを使うときは表示するが必要になるんですね。

204

そうなんです。すべてのケースで必要なわけではありませんが、ほとんどのケースで 表示する が必要です。

 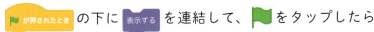 の下に 表示する を連結して、🚩 をタップしたら

……と、また 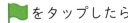 が現れた！

7時間目 「間違い探しゲーム」を作ろう！

問題2

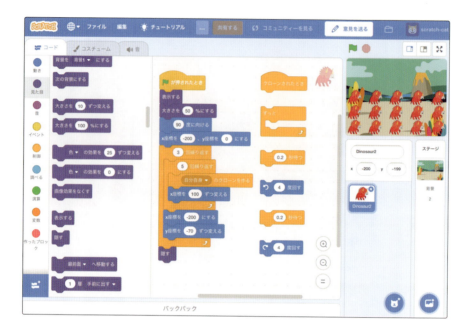

上図の6つのブロックを使って、以下のスクリプトを作ってください。

「クローン が左へ4度回り、0.2秒後に右へ4度回って0.2秒待つという動きをずっと繰り返す」

ヒント

 にブロックを連結すると、クローンに対してそのブロックが実行されます。

`クローンされたとき` の意味がわかれば、この問題は簡単だね。こんな感じかな。

 すべてのクローン `Dinosaur2` がユラユラ動くようになった！

 でも、全部同じ `Dinosaur2` だったら、間違い探しゲームにならないよ。

そのとおりですね。では、15匹の `Dinosaur2` のうち、1匹だけ違うコスチュームになるようにしてみましょう。まずは、`違う恐竜の順番` と `順番` という名前の変数を作ってください。

 できました！

 という変数は、15匹作られる クローンのうち、1匹を違うコスチュームに変えるために使用します。

 どの クローンを違うコスチュームにするかは、乱数ブロックを使って決めたらどうですか。

そうですね。  と を連結して を右図のように追加してください。このブロックによって、違うコスチュームになるクローンの順番が1〜15の間で変化するようになります。

　順番 という変数は、何のために使うんですか。

「違うコスチュームになったクローンが何番目に作られたクローンか」をコンピュータに伝えるためです。

　順番 を使わないと、何番目のクローンが違うコスチュームになったのか、コンピュータにはわからないんですね。

　コンピュータはすごいスピードで計算できるけど、1から10まで、きちんと正確に指示しないとダメなんだよ。

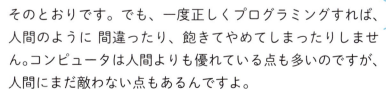
そのとおりです。でも、一度正しくプログラミングすれば、人間のように 間違ったり、飽きてやめてしまったりしません。コンピュータは人間よりも優れている点も多いのですが、人間にまだ敵わない点もあるんですよ。

　人間の方が優れている点、まだあるんだ……。

7時間目　「間違い探しゲーム」を作ろう！

209

「何番目に作られたクローンが違うコスチュームか」を
伝えるため、まずは下図のように  と
順番を1ずつ変える を追加しましょう。

順番を1にする で 順番 の値が「1」にリセットされて、
自分自身のクローンを作る が実行されるごとに、

順番を1ずつ変える で 順番 の値が「1」ずつ増えるのね。

だから、最初に作られた Dinosaur2 クローンは1行目左端のクローンで、15番目に作られた Dinosaur2 クローンは、3行目右端のクローンになるんだ。

そのとおりです。クローンは、下図のような順番で作られます。

上図のステージモニターの を見ると 違う恐竜の順番 の値が 14 になっています。

この場合、クローンのコスチュームを変えるわけですね。

その通りです。

問題3

上図の4つのブロックを使って、以下のスクリプトを作ってください。

「 順番 = 違う恐竜の順番 のときだけ、コスチュームを dinosaur2-a 以外のコスチュームにする」

コスチュームを 2 から 4 までの乱数 にする ブロックって何だろう？

コスチュームには、名前だけでなく番号も付いているから、どのコスチュームにするかを番号で指定できるの。

へー、そうなんだ。コスチュームを dinosaur2-a にする を実行すると

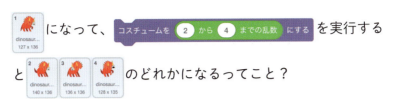になって、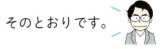を実行するとのどれかになるってこと?

そのとおりです。

のときだけにすればいいから、

の下にを追加するのかな?

迷ったら、実際に追加してをタップしてみよう。

あれ? コスチュームが変わらないよ(注:番号が一番小さい恐竜のコスチュームが変わることもあります)。

の下に、を追加する

という考え方自体は間違っていません。ただスクラッチでは、クローン内で変数を作って使うとき、下図のように「このスプライトのみ」をチェックする必要があるのです。

へー、変数にも2種類あるんだ。

順番 と 違う恐竜の順番 は、「すべてのスプライト用」として作成したので、今回は クローンされたとき の下以外の場所に追加してください。

順番 と 違う恐竜の順番 を「すべてのスプライト用」から「このスプライトのみ」に変更できないんですか。

残念ながら、作った後は変更できません。

ということは、クローンされたとき の下以外に追加するなら、クローンされる前にコスチュームを変える必要があるってことね。つまり、自分自身のクローンを作る の上に置くんだ。

🚩をタップしてみましょう。

ステージモニター 違う恐竜の順番 7 を見ると、違う恐竜の順番 は 7 だから……と、7番目に作られた Dinosaur2 クローンはたしかに、コスチュームが 7 に変わってる！

つまり、これが正解のスクリプトとなります。

問題4

上図の5つのブロックを使って、以下のスクリプトを作ってください。

「dinosaur2-a コスチュームの クローンをタップしたら「Wobble」の音を鳴らし、dinosaur2-a 以外のコスチュームの恐竜をタップしたら「Tada」の音を鳴らす」

 には、dinosaur2-a という名前と「1」という番号が付いているから、`コスチュームの 番号 = 1` は「 Dinosaur2 のコスチュームは dinosaur2... ですか？」という意味のブロックだよね。

私もそう思う。

じゃあ、正解のスクリプトはこうかな。

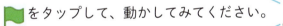をタップして、動かしてみてください。

あれ、見た目の違う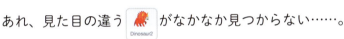がなかなか見つからない……。

1行目右端ののコスチュームがになってるよ。

をタップしたら、「Tada」という音が鳴った！　これ以外のをタップすると「Wobble」の音が鳴るわ。

おめでとうございます。これで、間違い探しゲームの完成です。

みんなでゲームをやってみよう！

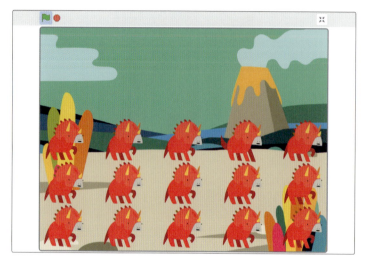

 なかなか見つからないなぁ……、あっ、ここにいた！

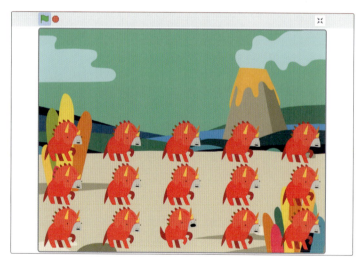

 これは簡単だね！

8時間目 「シューティングゲーム」を作ろう！

ここでは、スプライトの描き方がわかるんだ。

Question...
ゲームは、やる、作る？

 湊は本当にゲームをやったことないの？

 うん。家にゲーム機がないからね。

 え～、あんなに面白いのに。

 なんか、かわいそう。

 そんなことないよ。家では本を読んだり、家族でおしゃべりしたりしているから、ゲームがなくても楽しいよ。それに、僕はゲームをやるより、作る方が好きなんだ。

ゲームをやる

それは素晴らしいことです。今は自分が好きなことにどんどん熱中してください。

 僕はゲームをやるのも、作るのも好きだから、両方熱中するぞ。

 僕も。でもちょっとだけ、ゲームをやるほうが作るのよりも好きかも。

 で、今日はどんなゲームが作りたいですか。

 どんなゲームがいいかな？　そもそも、どんなゲームがあるのか、あまり知らないし。

 シューティングゲームはどう？

 それって、ミサイルとかで敵をやっつけるゲームのこと？

 そうだよ。

 面白そうだね。今日はシューティングゲームにしよう。

ゲームを作る

8時間目 「シューティングゲーム」を作ろう！

221

「シューティングゲーム」を作ろう！

エイリアンを作るのに、間違い探しゲームで使ったクローンを使うことになりました。はじめての湊くんには、クローンについて説明します。

まず、のサムネイルにある×マークをタップして、ネコを削除してください。次に、画面右下にある マーク

をタップした上で、 の筆マークをタップします。

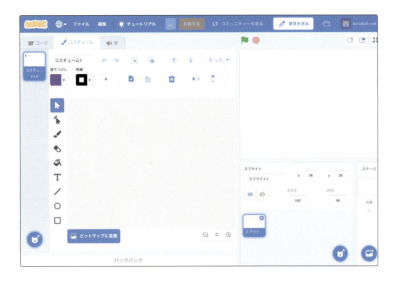

まずは、エイリアンを作りましょう。塗りつぶしをタップして、自分の好きな色を選んでください。枠線は／を選択して枠線なしにしてもいいかもしれません。

エイリアンはカラフルなイメージだから、緑を選ぼう。

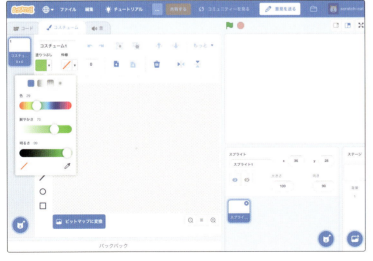

色が決まったら、四角形ツール で四角形をいくつか組み合わせてエイリアンを描いてみましょうか。

 えー、四角形だけで描けるかな？。

大丈夫ですよ。後で変更することもできますよ。筆ツール 、直線ツール、円ツール  を使って、エイリアンを描き直しましょう。

 やってみようか。身体と足を四角形ツール で作ってと……、エイリアンの足は3本ぐらいにしよう。

足をコピーする方法、覚えてますか。まずは、選択ツールをタップするんですよ。

 選択ツールをタップしたら、キャンバスの上に   が表示されました。

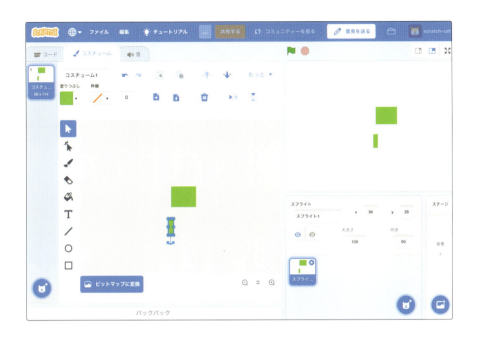

そうしたら、エイリアンの足にするパーツを選択し、を
タップするとコピーされます。次に、をタップするとコ
ピーしたエイリアンの足がキャンバスに貼り付けられます。

同じものをたくさん作りたいときには、このコピーツール
と貼り付けツール が便利だね。

3本の足が簡単に作れたよ！

あとは、ドラッグ＆ドロップで足を移動するんだよね。

蓮くんも、ドラッグ＆ドロップという言葉を覚えましたね。

蓮、カッコイイ。

 えへへ（照れ笑い）。

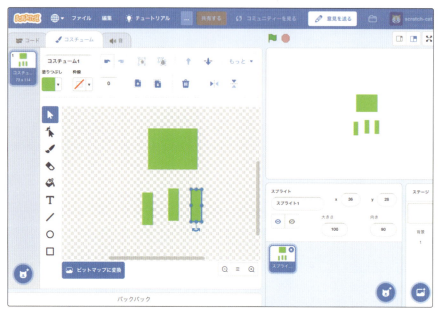

 足を移動させたら、エイリアンの目も作ろう。

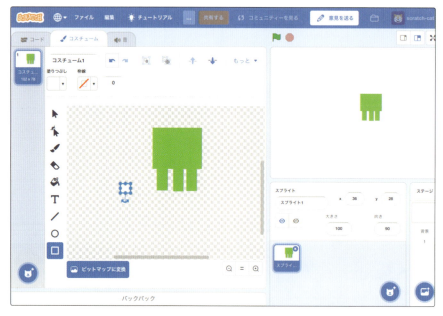

色を白にして、四角形ツール □ をタップして小さい四角を描き、選択ツール タップして コピーし、 貼り付けて、ドラッグ＆ドロップで移動させればいいよね。

あっ、湊もドラッグ＆ドロップって言った。僕も言いたいー。

ハハハ。次は、画面右下の マークをタップの上で、

 の虫メガネマークをタップし、宇宙カテゴリーの という背景を選んでください。

エイリアンのコスチュームと背景は完成だね。

227

エイリアンも可愛い感じでいいんじゃない。

 ステージ下のスプライト名を「エイリアン」に変更します。

スプライト名を変更すると、サムネイルも  から に変わります。では、エイリアン のスクリプトを作りましょう。

問題 1

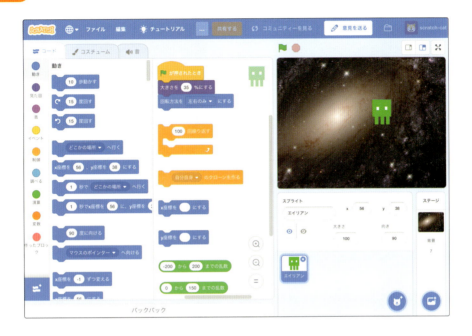

🚩 をタップした後、[エイリアン] の大きさを35％に変更の上（35％以外の自分の好きな大きさに変更してもOKです）、上図の6つのブロックを使って、以下のスクリプトを作ってください。

「100個の [エイリアン] クローンを作る。100個のクローンはそれぞれ、ステージ上のX座標-200〜200、Y座標0〜150のどこかに作られる」

えー！ 100個も作るの！？

面白そうだね。

「100個のクローンを作る」は、とを組み合わせてにすればいいよね。

「ステージ上のＸ座標-200〜200のどこかにする」はとを、「Ｙ座標0〜150のどこかにする」はとを組み合わせればいいし。

あれ？　Ｘ座標は横だっけ、縦だっけ？

Ｘ座標は横、Ｙ座標は縦だよ。つまり、では、ステージの左端から右端までのどこか、ではステージの中心から上端までのどこかにが移動することになるよ。

このとをの前に組み合わせれば、が移動した後にクローンされるから、ステージの上半分の場所のどこかに100個のクローンが作られるね。

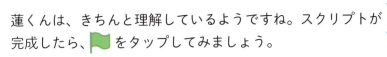蓮くんは、きちんと理解しているようですね。スクリプトが完成したら、をタップしてみましょう。

蓮の予想どおり、エイリアンがステージの上半分にたくさん出てきたよ！

正解です。皆さん素晴らしいですね。

でも、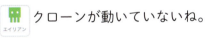クローンが動いていないね。

の下にブロックを追加すれば、クローンを動かせるんだよね。

そのとおりです。では動かしてみましょうか。

問題2

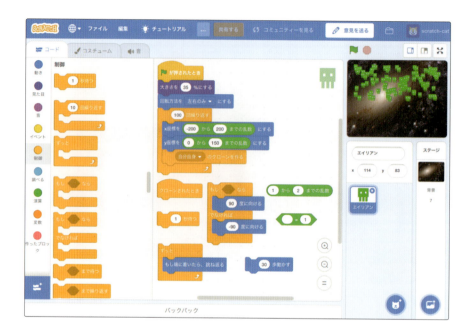

クローンされたとき の下に、上図の6つのブロックを使って、以下のスクリプトを作ってください。

「 エイリアン クローンが右か左のどちらかを向いてから、「30歩動いて、1秒止まって、端に着いたら跳ね返る」動きを繰り返す」

ちょっと難しそうだけど、一つひとつ考えていこう。

そうだね。「 エイリアン クローンが右か左のどちらかを向いて」

は、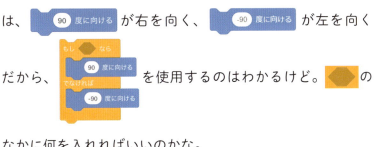が右を向く、 が左を向く

だから、 を使用するのはわかるけど。 の

なかに何を入れればいいのかな。

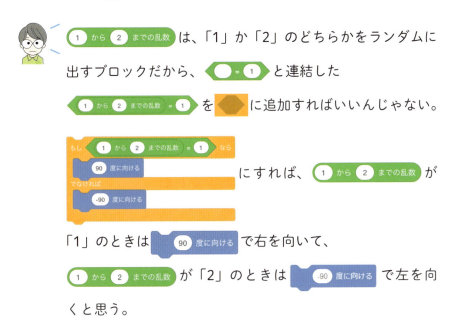 は、「1」か「2」のどちらかをランダムに

出すブロックだから、 と連結した

を に追加すればいいんじゃない。

にすれば、 が

「1」のときは で右を向いて、

が「2」のときは で左を向

くと思う。

さすが！ 湊は、算数得意だからなあ。

じゃあ、「30歩動いて、1秒止まって、端に着いたら跳ね返る動きを繰り返す」は？

と を のなかに入

れて  にしてみたらどうだろう。

たしかに。クローンが左か右を向いてから、30歩動いて1秒止まって端に着いたら跳ね返る、を繰り返すわけだから、 の下に に

追加しよう。 をタップしてみよう！

やったー！ クローンが左や右に動き出した！

よくできましたね。今回は算数の知識を利用してスクリプトを作りました。このように、学校で学んでいる算数がプログラミングでも役に立つのです。

へー、勉強もプログラミングに役立つんだ。算数だけでも真面目に勉強しようかなあ。

算数だけでなく、国語や理科なども将来役立つ場面があるんですよ。でも、算数に興味を持ってくれて、先生はうれしいです。

エイリアンが左右に動くようになったから、今度は攻撃してくるようにしたいね。

まずは、エイリアンが下方向に移動してくるのはどうかな？

エイリアンが地球に侵略してくるみたいだ。

良いアイディアですね。少しヒントを出してもいいですか。

に変更してください。

は、クローンの向きを決めるときに使った と似てるけど、 と乱数の範囲が1〜10までになっているから、この条件は成立しにくいんじゃないかな。

そのとおりです。のほうが

　　　　　より条件が成立しにくくなります。

でも、いずれは  の条件が成立して、

　ブロックの繰り返しは終わるよね。

そうか、横方向の繰り返しが終わってから、下方向に移動するスクリプトを追加するんじゃないかな？

すばらしい、そのとおりです。

問題3

> クローンが右か左のどちらかを向くスクリプトの下に、以下のスクリプトを作ってください。
>
> 「`1から10までの乱数 = 1`が成立するまで「30歩動いて、1秒止まって、端に着いたら跳ね返る」動きを繰り返した後、下方向に移動し、端に触れたらクローンを削除する」

「`1から10までの乱数 = 1`が成立するまで「30歩動いて、1秒止まって、端に着いたら跳ね返る」動きを繰り返す」は、

だよね。

このブロックの直前では、クローンが`90度に向ける`か`-90度に向ける`を向いてるから、`30歩動かす`を実行するとクローンは横方向に移動するけど、`180度に向ける`で下方向を向かせてから`4歩動かす`を実行すれば、クローンは下に移動するね。

あとは、`端に触れたまで繰り返す`に`4歩動かす`を入れて、最後に`このクローンを削除する`を追加すれば完成だね。

では、をタップしてみましょう。

わあー、エイリアンが侵略してきたぁ！

スクリプト、正解でしたね。

3人で力を合わせれば、どんな問題でも解けそうな気がしてきたよ。

をタップして、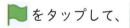クローンがどうなるか最後まで見てみましょう！

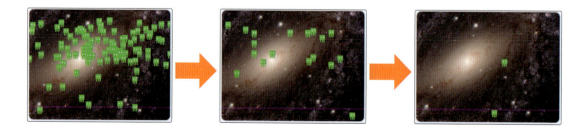

あれ？ まったく動いてない がいるね。

本物の は、 以下のスクリプトでは動かないんじゃない？

そのとおりです。

パズルゲームのときのように、本物は で隠そうか。

を使ったら、 が必要になるから、 が押されたときの下に を追加して本物を隠し、 の下に を追加して クローンを表示しよう。

8時間目 「シューティングゲーム」を作ろう！

ステージ上で動かなかった本物 ![エイリアン] が、ステージ上から消えましたね。次は、プレイヤー機（自機）です。画面右下にある ![くま] マークをタップした上で、 の筆マークを選択し、ペイントエディターでエイリアンと同じようにプレイヤー機を作りましょう。

シューティング系ゲームのプライヤー機は、ちょっとシンプルだけど、四角形を2つ組み合わせたらどうかな。ほら、塗りつぶしで色を選択して、四角形ツール で2つの四角形を作って、選択ツール で四角形を移動させて、と……。

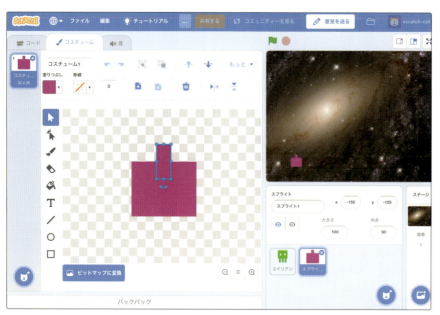

スプライト名も スプライト1 から プレイヤー に変えよう。

先生から一つ注文があります。[プレイヤー]がエイリアンにやられたときのコスチュームも作ってください。コスチュームを追加するときは、画面左下の[ねこ]をタップしましょう。

わかりました。四角形ツール[□]で細長い四角形を作って、選択ツール[▶]で長方形を選択し、[＋]でコピーして[↓]で貼り付けてから、[長方形]の[回転マーク]をドラッグして向きを変え、すこし位置を変えて……と。爆発しているようなコスチュームにしました。

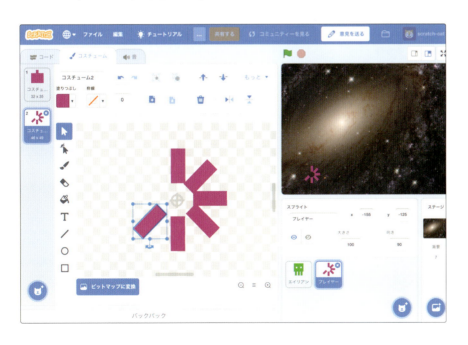

さすがゲーマーの大翔、良い感じのコスチュームだね。

問題4

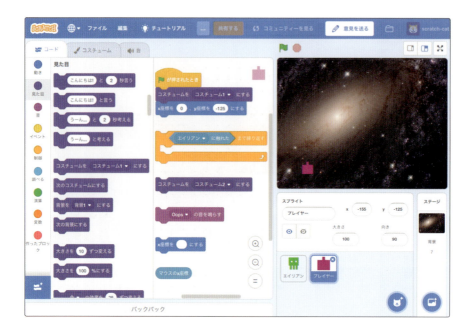

🚩 をタップした後、🟥(プレイヤー) のコスチュームを 🟥(コスチューム1 32×35) にして、X座標＝0、Y座標＝-125にするスクリプトの下に、上図の5つのブロックを使って、以下のスクリプトを作ってください。

「🟥(プレイヤー) のX座標は、🟩(エイリアン) に触れるまでずっと、タブレット画面上の指とX座標が同じになる（パソコンの場合はマウスのX座標）。🟥(プレイヤー) はドラッグで横方向に操作でき（パソコンの場合はマウス操作）、🟩(エイリアン) にふれたら「Oops」の音を鳴らして ✳(コスチューム… 49×49) のコスチュームに変更する」

このスクリプトを作れば、プレイヤーが「エイリアンの侵略」から逃げられるようになるね。

つまり、このゲームのストーリーは「エイリアンの侵略」なんだ。

実はほとんどのゲームには、ストーリー（物語）があります。そしてストーリーは、しばしばゲームの人気を左右します。

大切なんだね、ストーリーって。

例えば、スポーツや格闘技の試合をテレビで見ている、ケガを克服した、親と二人三脚で厳しい練習を続けてきたといったストーリーが紹介されますよね。これは、試合や選手に興味を持ってもらうためです。

ストーリーがあると、人は対象に興味を持ったり、注目したりするようになるんですね。

ストーリーの話はこのぐらいにして、プログラミングの問題に戻りましょうか。

はい！

に触れるまでずっとは、だよね。

「の X 座標が、タブレット画面上の指の X 座標と同じになる」は、とを組み合わせて

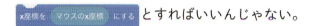とすればいいんじゃない。

 に を入れ

ればいいわけだね。

パソコンでは、マウスでを横方向に操作するんですよね。

はい。は、パソコンではマウスのX座標、タブレットでは画面に触れた指のX座標を意味します。

が 後は、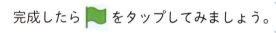と

を組み合わせればいいよね。

「Oops」の音データは、画面左上にあるをタップの

上で、画面左下のをタップして探せばいい。

完成したらをタップしてみましょう。

 が画面上の指の動きについてくるよ。

244

にふれたら、プレイヤーのコスチュームが になった！

8時間目 「シューティングゲーム」を作ろう！

よくできました。正解です。

次はが発射するミサイルを作ろうよ。

避けるだけでなく、ミサイルでを倒そう！

では、画面右下にあるマークをタップの上で、

の筆マークを選択し、ペイントエディターを開いてください。

ミサイルもシンプルでいいかな。

いいと思うよ。もシンプルだし。

僕がやってもいい？で色を白色にして、四角形ツールで小さい長方形を作って、選択ツールでキャンバスの中心に移動させて……。こんな感じでどうだろう。

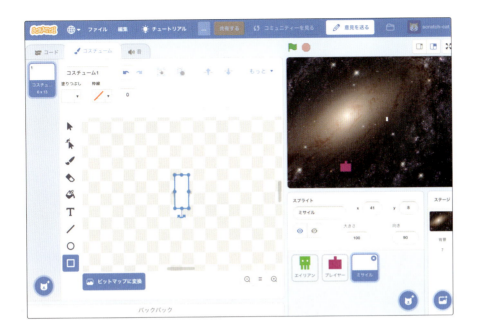

 スプライト名も スプライト1 から ミサイル に変えよう。

 スクリプト名は変えなくても問題ありませんが、適切な名前をつけると、プログラミングしやすくなります。

問題 5

🚩 をタップしたら、姿を消してレイヤーを最背面にして、0.1秒間隔で自分自身のクローンを作るスクリプトの横に、上図の7個のブロックを使用して、以下のスクリプトを作ってください。

「クローンされた がステージにあらわれて、 ■ に瞬間移動し、その後、上方向に移動し続け、端に触れたら消える」

 は、🚩 をタップすると、本物は姿を隠して0.1秒ごとにずっとクローンを作り続けるスクリプトだよ

ね。じゃあ、クローンされたときの下に、クローン ミサイル を上方向に移動させるブロックを組み合わせればいいんじゃないかな。そうすれば、クローン ミサイル が連続発射されるようになると思う。

そのとおりです。今回のように本物が動かないときは、クローンを動かさないとクローンが同じ場所に重なって作られて、ステージ上では何も変化していないように見えます。

本物の ミサイル は 隠す で姿を隠しているので、クローンされたとき の下に 表示する を組み合わせて、クローン ミサイル を表示させよう。

プレイヤー へ行く を実行すると、ミサイル は に瞬間移動するんじゃないかな。

そのとおりです。つまり、2つのコスチュームの中心が同じ座標になるわけです。そのため自分でコスチュームを作ったり、修正したりする場合、必ずペイントエディターのキャンバスの中心にコスチュームを置く必要があります。

プレイヤー へ行く は、どこかの場所 へ行く の どこかの場所 部分をタップすると が表示されるので、プレイヤー をタップするんだね。

本物ののスクリプトで を実行したのは、ひょっとして、にならないようにするためですか。

よくわかりましたね、湊くん。本物の が最背面のレイヤーに移動すると、クローンの も の背面のレイヤーになるのです。

そうか！ が の後ろになるから、 を実行しても じゃなくてになるんだね。

それで、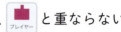を上方向に移動させれば、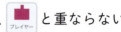と重ならない部分まで移動すると、があらわれる。つまり、の大砲部分からが発射されたように見えるわけだ。

Y座標は上下、X座標は左右だから、を上方向に移動させるには、とを組み合わせよう。

最後にを追加して完成だね。

では、をタップしてみましょう。

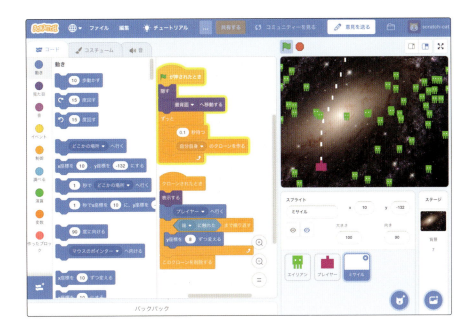

やったー！ ミサイルが連射されるようになった！

おめでとうございます。正解でしたね。

ミサイルは出るようになったけど、に当たってもがやられないよ。

そうだね。にプログラムを追加しよう。

を選択の上で、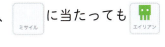をタップしてペイントエディターを開き、のようなコスチュームを作ろう。

まずは、画面左下の🐻をタップして、新しいコスチュームを追加の上で、四角形ツール ▢、選択ツール ▶、コピーツール 📄、貼り付けツール 📥 を使えば、コスチュームのパーツは作れるよね。▬ の ⇅ をドラッグして向きを変えて……と、できました！

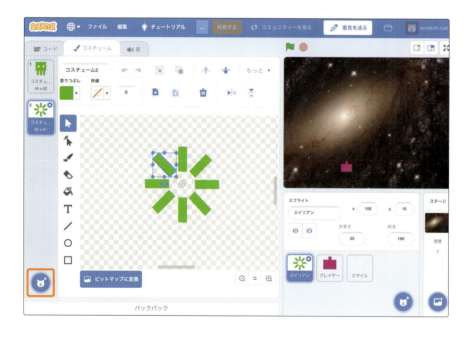

いいですね。自分たちで考えて、考えを形にできるようになってきたじゃないですか。では、エイリアンのスクリプトを追加しましょう。

問題6

上図の8個のブロックを使用して、以下のスクリプトを作ってください。

「クローン（エイリアン）が（ミサイル）にふれたら、コスチュームを（コスチューム1）から（コスチューム2）に変更し、「Pew」の音を鳴らして、0.1秒後に消える」

が（クローンされたとき）に、右か左に動いて少しすると下方向へ移動して消えるスクリプトのほか、もう一つの（クローンされたとき）を追加するんですね。

その通りです。複数の クローンされたとき を使えば、動きのスクリプトと【問題6】の当たり判定のスクリプトを同時に動かせます。

あとは、 Pew の音を鳴らす と 0.1 秒待つ と このクローンを削除する を順番に追加するだけだ。

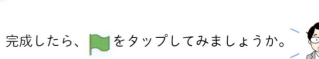

完成したら、 🚩 をタップしてみましょうか。

 やった！ が に触れたら になって消えた！

 これでエイリアンの侵略を防げるね。

 みんなでゲームをやってみようよ！

8時間目 「シューティングゲーム」を作ろう！

やった！　エイリアンを一匹倒したよ！

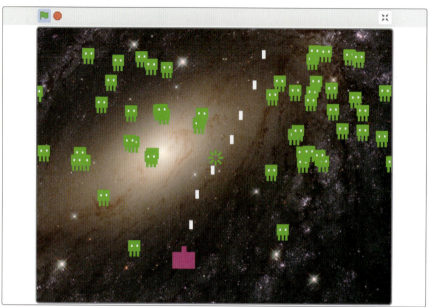

すごい！今度は、連続でエイリアンを倒した！

9時間目 「UFOキャッチャーゲーム」を作ろう！

ここでは、ペンブロックの使い方を理解するの。

Question...
ぬいぐるみを取るコツは？

 こんにちは！

 ひさしぶり。

 ワン、ワン、ワン

 わー、可愛いー！

 クーン（しっぽを振る）

 こいつ、名前はクリプト。

クリプト、僕のときと態度が違うけど。

 ワン、ワン！（蓮に向かって吠える）

 ごめん、ごめん。

 こんにちは、結月さん。カバンについている大きなぬいぐるみは何ですか。

 クマのぬいぐるみです。UFOキャッチャーで取りました。

 UFOキャッチャーって、難しくない？

 僕もほとんど取ったことない。

 コツを覚えれば、けっこう簡単よ。

 あっ、今日はスクラッチでUFOキャッチャーゲームを作ってみようか。

いいですね。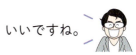

Let's start！
「UFOキャッチャーゲーム」を作ろう！

ゲームセンターのUFOキャッチャーよりも簡単にキャッチできるゲームにすることになりました。できれば、クリプトも一緒に遊べるようにしましょう。

まず、のサムネイルにある×マークをタップして、ネコを削除してください。次に、画面右下にあるマークをタップの上、の筆マークをタップしましょう。

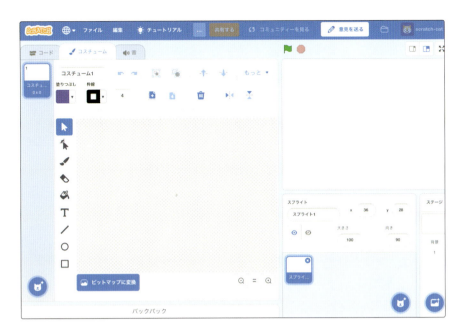

では、UFOキャッチャーのアームを作りましょう。

インベーダーゲームのときと同じように、四角形ツール 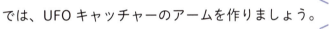 で四角形を組み合わせれば作れそうだよ。

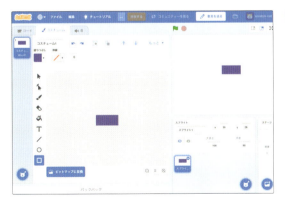

形を変えるツール で、四角形の形を変えようよ。

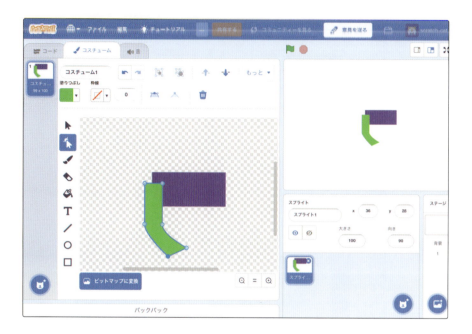

 良い感じになったね。

 コピーツール ![] を使って ![] をコピーし、貼り付けツール ![] で貼り付けたら、一方の ![] を左右反転ツール ![] で向きを変えて、選択ツール ![] で動かすと……。

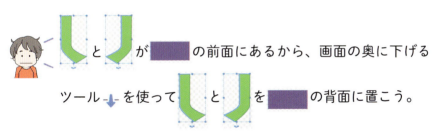

と が の前面にあるから、画面の奥に下げるツール を使って と を の背面に置こう。

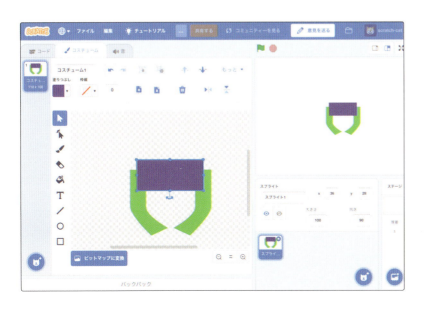

に赤色の を重ねてみたらどうかな。

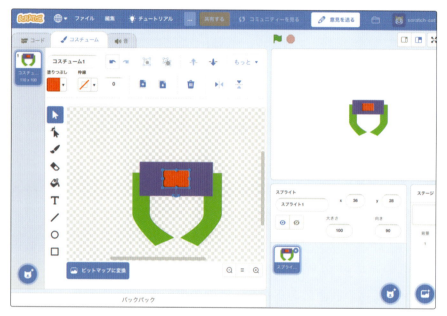

かっこよくなったね。

たしかに。

一つ、お願いです。 の左上をタッチして、そのまま の右下まで指で移動させてください。すると点線の

枠が表示され、画面から指を離すと点線内にあるものすべてが選択されているはずです。

その上で、全体をドラッグ＆ドロップして、部分がキャンバスの中心になる位置に移動させましょう。

アームの手が開いているコスチュームも作ろうよ。

コスチュームのサムネイルを長押しして（パソコンの場合は右クリック）、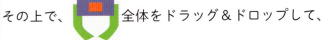の「複製」を選択してコピーしよう。

コスチューム1の部分をドラッグして、の向きを変えれば、手を開いている状態のコスチュームになるよ。

長押しとは？
画面をタッチしたまま、一定時間指を動かさない操作のことです。

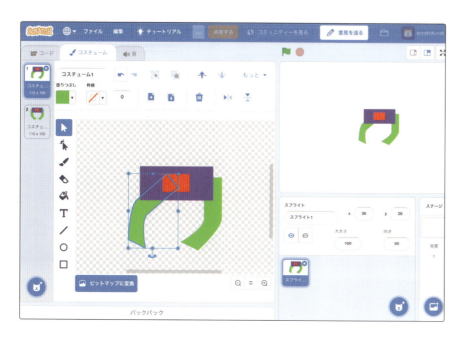

スプライト名も  に変えて……と。

もう一つお願いです。コスチューム2のアームの先だけ違う色のコスチュームにしてください。

了解です。まずは、四角形ツール □ と形を変えるツール を作ります。その上で、アームの手が閉じている状態のコスチューム2の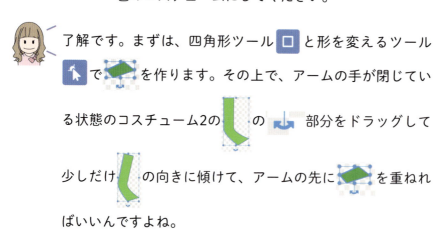

次は、画面右下の マークをタップの上で、  の虫メガネマークをタップして、好きな背景を選びましょう。

UFOキャッチャーで魚を捕まえたいから、海中カテゴリーの  にしようよ。

いいね。

ワン、ワン！

9時間目 「UFOキャッチャーゲーム」を作ろう！

267

でも、背景の右上にあるサンゴ礁がじゃまだな。

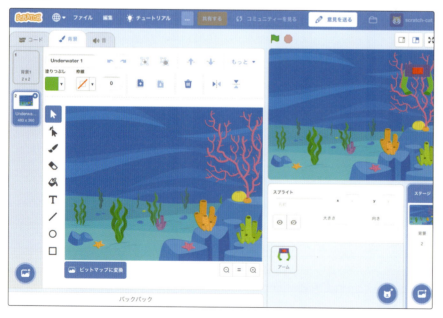

左右反転ツール ▶◀ をタップしてみて下さい。

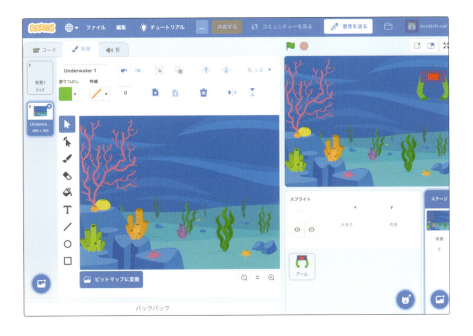

サンゴ礁の位置が左側に移動した！　左右反転ツール ▶◀ は、背景にも使えるんだ。

次に コスチューム タブをタップしてスクリプトを作りましょう。

問題1

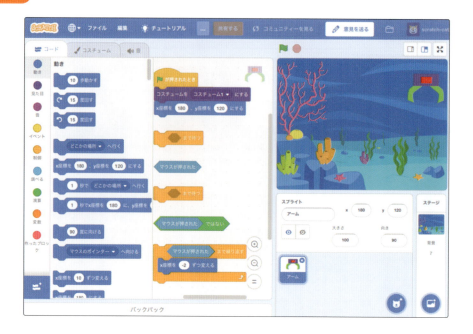

🚩をタップしたら、[アーム]のコスチュームが[コスチューム1 103×80]となり、X座標＝180、Y座標＝120に移動するブロックの下に、上図の5つのブロックを使って、以下のスクリプトを作ってください。

「画面をタップしたら[アーム]が左方向に移動し、もう一度画面をタップすると停止する」

タブレットの場合、[マウスが押された]はタップするという意味だよね。

と ▢ を組み合わせて

▢ にして、その下にブロックを追加すれすれば、画面をタップしたらそのブロックが実行されるようになるよね。

そうだね。▢ の下に、

を組み合わせれば、画面をタップした後に「▢ が左方向に移動し、もう一度画面をタップすると停止する」ようになるじゃない。

▢ と ▢ が余ったけど、どこに使うのかな？　これは組み合わせて ▢ にすると思うんだけど。

とりあえず、このまま 🏁 をタップしてみようよ。プログラミングは、テストと違って間違ってもいいんだから。

そうです。間違いがどこにあるかを発見して、最終的に正解にたどり着けばいいんです。

間違うことをすすめられるなんて、プログラミングって面白いね。じゃあ早速、🏁 をタップして……と、さらに画面をタップしてみよう。

9時間目　「UFOキャッチャーゲーム」を作ろう！

271

画面をタップしても アーム が動かなかった。やっぱり、が必要なんだ。

でも、なぜ アーム は動かなかったんだろう？

もしかしたら、1回目の画面タップ（ マウスが押された ）で、
 の条件、つまり マウスが押された が連続で成立したからじゃないかな。

よくわかりましたね、結月さん。コンピュータの処理速度はとても速いので、連続というより同時に成立したことになるのです。

 そうか！  は画面をタップ

（）すると、 を実行しなくなるから、2回目の画面タップで 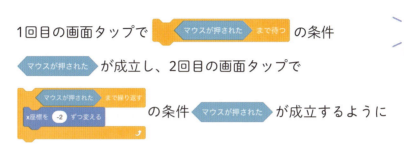 は動かなかったんだ。

1回目の画面タップで 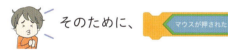 の条件  が成立し、2回目の画面タップで 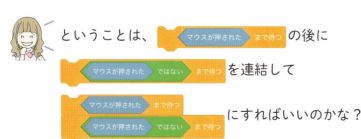 の条件 マウスが押された が成立するようにする必要があります。

そのために、 マウスが押された ではない まで待つ が必要なんだな。

マウスが押された と ではない を連結した マウスが押された ではない は、少しわかりにくいのですが、 マウスが押された の反対の意味、つまりタップされていない（パソコンの場合はマウスが押されていない）状態です。

つまり、 マウスが押された ではない まで待つ はタップされていない状態まで待つという意味のブロックなんだね。

ということは、 マウスが押された まで待つ の後に マウスが押された ではない まで待つ を連結して

マウスが押された まで待つ
マウスが押された ではない まで待つ

にすればいいのかな？

273

すばらしい。は、画面をタップして、

タップした指を画面から離すまでという意味になるのです。

だから、の条件 が同時に成立することはなくなりますね。

をタップしてみよう。

やった！1回目のタップで が左方向に動き出し、2回目のタップで停止したよ。

スクリプト、正解ですね。

UFOキャッチャーゲームだから、次は下方向に移動して、景品をつかむようにするんだよね。

ワン、ワン！

問題2

「をタップしたら、アームのコスチュームをコスチュー...となり、X座標＝180、Y座標＝120に移動して、1回目のタップで左方向に動き出し、2回目のタップで左方向の動きを停止する」というスクリプトの下に、上図の4つのブロックを使って、以下のスクリプトを作ってください。

「2回目のタップの後に下方向に移動し、3回目のタップでコスチュームをにする」

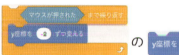 の  はY座標を-2ずつ変えるから、下方向に移動するブロックだね。

  の下に  を連結すると、左方向へ移動する  と、下方向に移動する  が同時に実行されてしまうよね。

 つまり、【問題1】と同じように、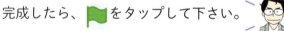 が必要になるのかな。

結月さん、蓮くん、その通りです。

 下方向に移動する  の下にも

 が必要になるよね。

完成したら、🚩をタップして下さい。

 やった！1回目のタップで🦾が左方向に動き出し、2回目のタップで下方向に移動して、3回目のタップでコスチュームが から に変わった！

正解です。が宙に浮いているようになっているので、今回はペンブロックを使って、の上の棒部分を描きましょう。まずは、画面右下にあるマークをタップの上で、

の筆マークをタップしてください。

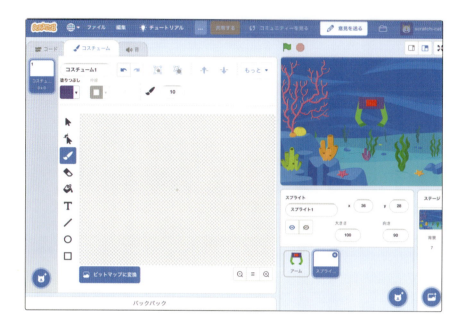

今回はペンブロックだけで [アーム] の上の棒部分を描くので、コスチュームには何も描かないで [コード] をタップしてください。

スクラッチ3.0から、ペンブロックは「拡張機能」にグループ分けされています。コードタブに切り替えた後、画面左下の をタップし、下記画面が表示されたら をタップしましょう。

ブロックパレットに、ペンブロックが追加されます。

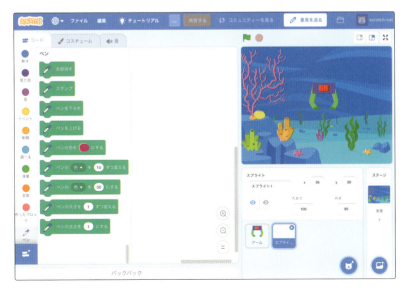

9時間目 「UFOキャッチャーゲーム」を作ろう！

279

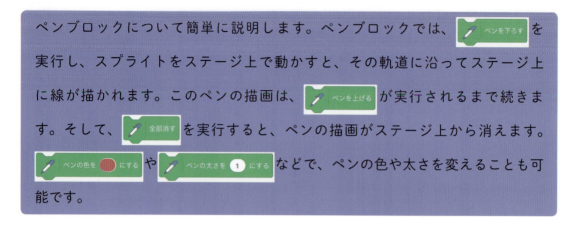

では、先ほどの □ のスクリプトエリアにおいて、X座標＝0、Y座標＝0にした後、と

 と  を実行した後、

を実行するスクリプトを作り、🚩 をタップしてください。

 ステージ上に12角形が現れました。

って、たしかキャンバス上には何も描いていなかったよね。それでも、ペンブロックを使えば、絵が描けるんだ。

だから、コスチュームには何も描かなかったんだ。

では、ブロックパレットの ![全部消す] をタップしてステージ上の描画を削除し、![ペンを上げる] でペンを上げてから、 のスクリプトを作りましょう。また、ペンブロックの説明用に作った  は削除してください。

問題3

をタップした後、ペンの色をにして太さを「10」するスクリプトの下に、上図の6つのブロックを使って、以下のスクリプトを作ってください。

「アームの上部からステージ上端まで⬤色の太さ「10」の直線を表示し、アームが左右上下に移動してもアームの上部からステージ上端まで直線が表示される」

今回の問題は難しいな。

ペンブロックは使い方が難しいブロックなんです。まずは、停止しているアームの上部からステージ上端まで⬤色の太さ「10」の直線を描画するスクリプトを考えてください。

での中心に移動して、ペンを下ろすを実行した後に、y座標を180にするでステージ上端に移動すればいいんじゃないかな。

そうかもしれないね。途中までだけど、🚩をタップしてみよう。

やったー！

ペンの描画は、他のスプライトよりも背面になるんだね。

結月さん、よく気がつきましたね。ペンによる描画は、ステージに描画されるので、他のスプライトよりも後ろになります。

まだ完成じゃないけど、画面をタップして  を左方向に動かしてみようよ。

いいね！

ワン！

やっぱり、ペンで描いた直線は動かないね。

残り3つのブロックを使って、ペンで描いた直線も動くようにしましょう。ペンの描画はステージ上に描かれた描画なので、●動きブロックなどのスクリプトで動かすことはできません。ただペンブロックを使用して、ペンで描いた直線が動いて見えるようにすることはできます。

を のなかに入れたらどうかな。

 あと、全部消す と ペンを下ろす が残ってるけど、どうやって使うんだろう。

 ペンの描画を●動きブロックなどで動かせないなら、

 全部消す で消して ペンを下ろす で描くを繰り返せば、ペンで描いた直線が動いて見えるんじゃない。

すばらしい、そのとおりです。

  でステージ上端に移動した後は、直線を描かなくていいので、 ブロックを追加するのかもね。

ワン！

そうですね。じゃあやってみてください。完成したら、 をタップしてみましょう。

9時間目 「UFOキャッチャーゲーム」を作ろう！

285

やったー！ できたぁ！

素晴らしい、正解ですね。ペンブロックは使い方が難しいブロックですが、みなさんよくできました。

次は、UFOキャッチャーの景品を作ろうよ。

ワン、ワン！

背景が海だから、魚のスプライトを追加しよう。魚も動くようにしたらどうかな。

いいね。ゲームセンターのUFOキャッチャーの景品は動いたりしないけど、スクラッチならできるね。

画面右下にある マークをタップの上で、

 の虫メガネマークをタップしてください。

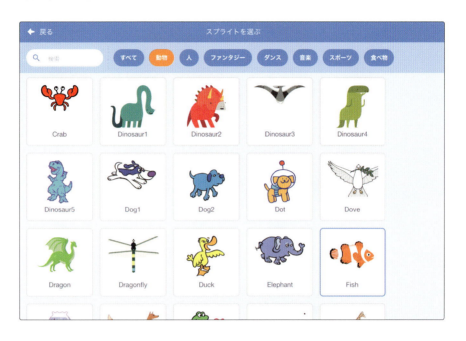

動物のカテゴリーから を選択しましょう。

9時間目　「UFOキャッチャーゲーム」を作ろう！

まずは、🚩をタップすると、の姿を隠しにして、 と

 を4回繰り返すスクリプトと、 と

いうスクリプトを作ってください。

 できました！

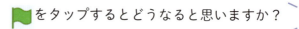をタップするとどうなると思いますか？

 の後に を実行してい

て、確か のコスチュームは4種類あったから、違う種類

の がステージ上に現れるんじゃないかな。

クローンされたとき の下には 表示する しかないので、違う種類の が重なって表示されてしまうかもね。

🚩をタップして確認しよう。

正解です。皆さんが予想したとおりでしたね。

9時間目 「UFOキャッチャーゲーム」を作ろう！

289

問題4

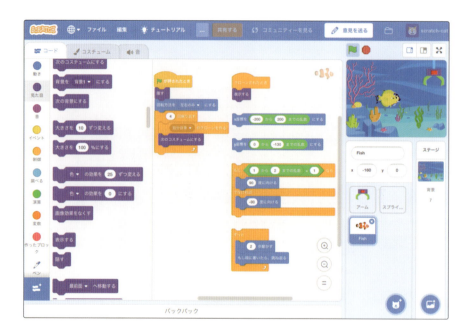

 の下に、上の4つのブロックを使って、以下のスクリプトを作ってください。

「クローンされた Fish たちが、X座標 -200 〜 200、Y座標 0 〜 -130 のどこかに現れて、右か左のどちらかを向いて、2歩動くを繰り返し、端に着いたら跳ね返る」

エイリアン のスクリプトに似ているね。

そうだね。

いいなー、のシューティングゲームを作ったんだ。今度教えてよ。

いいよ

友だち同士で教え合うのは、素晴らしいことです。教えることで、プログラミングの理解が深まりますよ。

がのX座標を-200〜200のどこかに、はのY座標を0〜-130のどこかにするんだよね。

右か左のどちらかを向いては、で右に向き、で左に向くから、を使うんだよね。で「1」か「2」のいずれかが出るから、の条件が成立した場合はで右を向き、「2」が出た場合はで左を向くわけだから。

結月さん、そのとおりです。

相変わらず、結月はすごいな。

最後に、を追加すれば完成だね。をタップしてみよう。

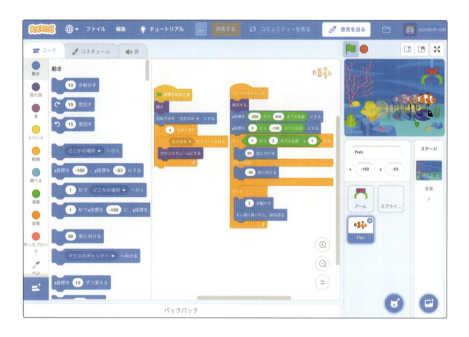

4種類のが現れて、左右に移動した！

ワン、ワン！

正解でしたね。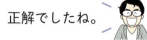

次はいよいよ、がを掴むスクリプトだね。

がを掴めるようにするには、との両方にスクリプトを追加する必要があります。まずは、のスクリプトを作りましょう。

問題5

🚩をタップすると、1回目のタップで左移動、2回目のタップで下移動、3回目のタップでコスチュームを ![コスチュ... 94×85] にするスクリプトの下に、以下のスクリプトを作ってください。

「上図の4つのブロックを使って、「キャッチ」というメッセージを送り、0.5秒待ってからY座標＝120になるまで上方向に移動し、その後、X座標＝180になるまで右方向に移動する」

「「キャッチ」というメッセージを送り、0.5秒待つ」は、そのままブロックを追加すればいいよね。

は、「キャッチ」という名前でなくてもいいんじゃない。

そのとおりです。　　　　　　　の　　　　　部分をタップして、　　　　　から 新しいメッセージ をタップすれば、自分の好きな名前のメッセージ名を付けられます。

Y座標は上下の位置を、X座標は左右の位置を表すから、

は　　　　　になるまで上方向に移動し、は　　　　　になるまで右方向に移動することになるね。

完成したら 🏁 をタップしてください。

 が になった後、元の場所（ステージ右上）に戻った！

正解ですね。

でも、まだ をキャッチできない。

そうだね。 ブロックを追加した理由は何だろう。

この で、 をキャッチするタイミングを教えているんじゃないかな。コスチュームが になった後にメッセージを送っているし。

そのとおりです。今度は、が「キャッチ」というメッセージを受け取ったときのスクリプトを、に追加しましょう。

問題6

上図の4つのブロックを使って、以下のスクリプトを作ってください。

「「キャッチ」というメッセージを受け取ったとき、が ● 色に触れていれば、他のスクリプトを止めて、ずっと の50ピクセル下に行く」

 ● は、 のアームの先 の色だよね。

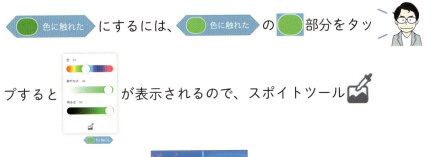

2019年3月6日、タブレットでこのスポイトツール が正しく動作しないことがありました。動作しない場合には、 色に触れた にする部分だけパソコンで行って下さい

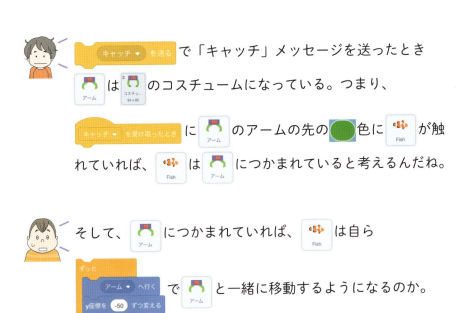

は、の他のスクリプトを停止するブロックだから、が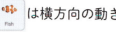後にすぐ実行すれば、は横方向の動きをしなくなるじゃない。

みなさんの考えが正しいか、をタップして確かめてみてください。

 やったー！ をキャッチできた！

 ワン、ワン！

クリプトも喜んでいるようですね。を操作する

「マウスが押された」を「音量 > 50」に変更すれば、クリプトもUFOキャッチャーゲームを楽しめますよ。

音量 はどういうブロックなんですか？

　音量 はタブレットやパソコンのマイクが聞き取った音の大きさを教えてくれるブロックなんだよ。ハリセンボン音ゲームを作ったときに使ったんだ。画面をタップして アーム を操作するかわりに、大声で アーム を操作できるようになるんだ。

マウスが押された を 音量>50 に変えるから、マウスが押された まで待つ と マウスが押された ではない まで待つ を 音量>50 まで待つ と 音量>50 ではない まで待つ に変えればいいんだよ。

　クリプトも遊べるように、さっそくやってみようよ。

　ワン、ワン、ワン！

　じゃあ、変更して……と。ちゃんと動くか、🚩をタップして試してみよう。

　ワン！

 クリプトの鳴き声でが動いて、をキャッチしたぞ！

ワオーン！

みなさん、おめでとうございます。UFOキャッチャーゲーム、完成です。

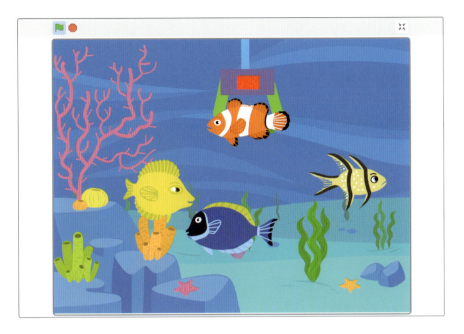

 クマノミをキャッチしたよ！

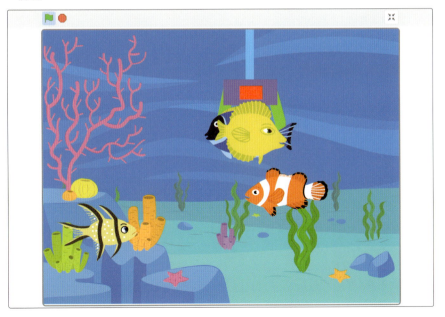

 今度は、2匹ゲットしたぞ！

コンピュータ&スクラッチの用語解説

A - Z

AR（オーグメンテッド・リアリティ）
現実の風景にバーチャル映像などを重ねて表示することで、目の前の世界を仮想的に拡張する技術です。

VR（バーチャル・リアリティ）
コンピュータによって作られた仮想現実を現実世界であるかのように体感させる技術です。

あ 行

ウェブブラウザ
パソコンやスマホでインターネットに接続し、ウェブページを閲覧したり、インターネット上のシステムを利用したりするとき に使用するアプリケーションです。スクラッチ3.0でサポートしているブラウザは、クローム、エッジ、ファイヤーフォックス、サファリになります。

か 行

カテゴリー
用途によるブロックの分類です。スクラッチでは、動き、見た目、イベント、制御、調べる、演算、変数、ブロック定義という9つのカテゴリーでブロックを分けています。

クローム、サファリ
タブレットやパソコンでウェブページを見るときに使うブラウザというアプリケーション（ソフトウェア）です。クロームとサファリは、パソコンでもタブレットでもスクラッチに対応しています。

コスチューム
スプライトとして用意されている画像の別パターン（画像）です。通常、スクラッチでは1つのスプライトに対して、画像を切り替えるために、4つのコスチュームが用意されています。

さ 行

サムネイル
縮小表示した画像です。スクラッチでは、スプライトを縮小表示しています。

スクリプト
スクラッチにおけるプログラムのことです。ブロックを組み合わせることでスクリプトを作ります。

スクリプトエリア
ブロックを移動させたり、ブロック同士を連結したり、プログラムを作ったりするエリアです。ここでプログラミングします。

スプライト
ステージ上に表示されるキャラクターや図形などの画像です。スクラッチのスプライトライブラリーには、たくさんのスプライトが用意されており、自由に利用できます。自分で用意したスプライトを使用すること、ペイントエディターでオリジナルのスプライトを描くことも可能です。

スプライト情報ペイン
スプライトの名前、X座標、Y座標、大きさ、向き、表示・非表示などの情報が記述されたエリアです。「ペイン」は、英語で「枠」を意味します。

た 行

タップ
タブレットやスマホの画面を軽く叩く操作です。

パソコン上におけるマウスのクリックと同じ操作です。

直接処理
複数の仕事（ジョブ）を順番に一つひとつ行う処理です。

ドラッグ・アンド・ドロップ
タブレットでは、移動させたいアイコンなどを押したままの状態で（画面から手を放さずに）指を動かし、移動させたい場所で手を放す操作です。パソコンでは、移動させたいアイコンなどをマウスの左ボタンで押したままの状態でマウスを動かし、移動させたい場所でボタンを離す操作になります。

は行

背景
ステージ上でスプライトのバックに表示される画像です。スクラッチの背景ライブラリーには、たくさんの背景が用意されており、自由に利用できます。

ハットブロック
スクリプトが開始するブロックのことで、スクラッチのブロックの1つです。ブロックの左上が丸い形になっていて、必ずブロックの先頭に配置されます。

引数（ひきすう）
コンピュータプログラムにおいて使用する数値のことです。スクラッチブロックの場合、数字や文字を入力できる部分が引数となります。

ピクセル
コンピュータで画像を扱うときの最小単位です。スクラッチのステージは、横が480ピクセル、縦が360ピクセルです。例えばを実行すると、スプライトは10ピクセル動きます。

ブロック
ブロックの形で用意されているスクリプトのことです。スクラッチでは、のようにカテゴリー分けされています。動き、見た目、音、イベント、制御、調べる、演算、変数にカテゴリー分けされています。

ブロックエリア
ブロックをブロックをカテゴリーごとに分類表示しているエリアです。ブロックエリアからスクリプトエリアにブロックをドラッグ＆ドロップしし、組み合わせることでスクリプトが作られます。

並列処理
複数の仕事（ジョブ）を同時に行う処理です。コンピュータでは通常、並列処理でジョブを実行します。

ペイントエディター
画像などを描くアプリケーションです。スクラッチには、一体型のペイントエディターが用意されています。

ら行

レイヤ
画像などをセル画のように重ねて使うときの階層です。

装丁・本文デザイン	二ノ宮 匡 (nixinc)
イラストレーション	上田 惣子
DTP	SeaGrape

スクラッチ3.0でゲームを作ろう！

小学1年生からのプログラミング教室

2019 年 4 月 10 日 初版第 1 刷発行

著　者	岡田 哲郎
発行人	片柳 秀夫
編集人	三浦 聡
発行所	ソシム株式会社
	http://www.socym.co.jp/
	〒 101-0064
	東京都千代田区神田猿楽町 1-5-15
	猿楽町 SS ビル 3F
	TEL　03-5217-2400 （代表）
	FAX　03-5217-2420
印刷・製本	シナノ印刷株式会社

定価はカバーに表示してあります。
落丁・乱丁は弊社編集部までお送りください。
送料弊社負担にてお取り替えいたします。
ISBN978-4-8026-1205-0　　Printed in JAPAN
©2019 Tetsurou Okada　　All rights reserved.